"三农"培训精品教材

肉牛产业化生产技术

● 朱 督 周国乔 张 惠 主编

中国农业科学技术出版社

图书在版编目(CIP)数据

肉牛产业化生产技术 / 朱督，周国乔，张惠主编 . --北京：中国农业科学技术出版社，2023. 6（2024.12 重印）

ISBN 978-7-5116-6313-9

Ⅰ. ①肉…　Ⅱ. ①朱…②周…③张…　Ⅲ. ①肉牛-饲养管理　Ⅳ. ①S823. 9

中国国家版本馆 CIP 数据核字(2023)第 106917 号

责任编辑　施睿佳　姚　欢
责任校对　王　彦
责任印制　姜义伟　王思文

出 版 者　中国农业科学技术出版社
北京市中关村南大街 12 号　　邮编：100081
电　　话　(010) 82106631（编辑室）　(010) 82109702（发行部）
(010) 82109709（读者服务部）
网　　址　https://castp.caas.cn
经 销 者　各地新华书店
印 刷 者　北京中科印刷有限公司
开　　本　140 mm×203 mm　1/32
印　　张　5. 375
字　　数　140 千字
版　　次　2023 年 6 月第 1 版　2024 年 12 月第 2 次印刷
定　　价　35. 00 元

《肉牛产业化生产技术》

编 委 会

主　编: 朱　督　周国乔　张　惠

副主编: 于永志　杨德智　张海桃　张启萍

陈永祥　吴国林　包雨鑫　岳向辉

李　响　朱德志　徐鹤宁　杨锐熠

赵明远　尚晓兰　刘永亮　俞广平

前　言

肉牛是以生产牛肉为主要目的的牛。与其他种类的牛相比，肉牛具有身躯丰满、增重快、产肉性能好、肉质口感好、饲料利用率高等特点。肉牛不仅能够为人们提供肉用品，还能够为人们提供其他与牛肉相关的副产品。

随着人们生活水平的不断提高，牛肉食品在膳食结构中的消费比重持续上升。与此同时，我国对肉牛养殖实施了税收优惠、资金扶持等支持政策，鼓励养殖业向规模化、产业化、标准化的方向发展。这都为肉牛养殖行业的持续发展奠定了良好的基础。

本书紧贴肉牛生产实践，结合肉牛产业化生产最新技术，围绕肉牛生产的各个要素，从肉牛场规划与建设、肉牛的品种、肉牛的选种与杂交、肉牛的繁殖、肉牛的营养与饲料、肉牛的饲养管理、肉牛场疾病预防措施、肉牛常见疾病的防治技术等8个方面进行了详细介绍。本书内容全面、结构清晰、语言通俗，对提升肉牛养殖人员的产业化生产技术水平具有重要的指导意义。

由于编者水平有限，加上时间仓促，书中难免会有不当之处，欢迎读者朋友批评指正。

编者

2023年5月

前 言

[illegible]

目　　录

第一章 肉牛场规划与建设

第一节 肉牛场场址选择与布局

一、肉牛场场址的选择

肉牛场建设必须符合国家建设要求，也要符合当地土地利用规划的需求。选址要因地制宜，并根据生产需要和经营规模，对地势、地形、土质、水源以及周围环境等进行多方面因素综合考虑。建设肉牛场既要本着土地使用效率高、有利于建设布局、便于污染防治的原则，又要本着有利于生产流转和防疫设施建设的原则来建设。具体应满足以下条件。

（一）地势高燥

肉牛场应建在地势高燥、背风向阳、空气流通、土质坚实、地下水位较低（3 米以下）、具有缓坡的北高南低、适宜坡度为 1%~3%（最大不超过 25%）、总体平坦的地方。地形开阔呈正方形、长方形，避免狭长和多边角。切不可建在低凹处、风口处，肉牛场地势过低，地下水位太高，极易造成排水困难，引起环境潮湿，影响牛的健康，同时蚊蝇也多，汛期积水以及冬季防寒困难；地势过高，又容易招致寒风的侵袭，同样有害于牛的健康，且增加交通运输困难。

（二）土质良好

土质以砂壤土为好，透水性强，雨水、尿液不易积聚，雨后没有硬结，有利于牛舍及运动场的清洁与卫生干燥，有利于防止蹄病及其他疾病的发生。

（三）水源充足

要有充足的合乎卫生要求的水源，保证生产、生活及人畜饮水。饮用水水质应符合《生活饮用水卫生标准》（GB 5749—2022）规定。水质良好，不含毒物，确保人畜安全和健康。

（四）电力充足

现代化牛场的饲料加工、通风、饲喂以及清粪等都需要电。因此，牛场要设在供电方便的地方。

（五）饲草饲料资源丰富

肉牛饲养所需的饲料特别是粗饲料需要量大，不宜远距离运输。肉牛场应靠近秸秆、青贮饲料和干草饲料资源所在地，以保证草料供应，减少运费，降低成本。

（六）交通便利

架子牛和大批饲草、饲料的购入，育肥牛以及粪肥的销售，运输频繁，运输量大。因此，肉牛场应建在离公路或铁路较近的交通方便的地方。

（七）满足防疫要求

符合兽医卫生和环境卫生的要求，周围无传染源。距离主要交通要道、村镇工厂 1 000米以上；距离一般交通道路 500 米以上；距离对牛场有污染的屠宰、化工和工矿企业 1 500米以上。

对于较大型肉牛场，为防止畜群粪尿对环境的污染，粪尿处理要离开人的活动区。因此，要选择较开阔的地带建场，有利于对人类环境的保护和畜群防疫。

禁止在饮用水水源保护区、风景名胜区、自然保护区的核心区

和缓冲区、城镇居民区、文化教育科学研究区等人口集中区域以及法律、法规规定的其他禁止养殖区域建设畜禽养殖场、养殖小区。

（八）以下区域不得建场

水源保护区、旅游区、自然保护区、环境污染严重区以及畜禽疫病常发区和山谷洼地等洪涝威胁地段。

二、肉牛场的布局

按肉牛场的使用和管理功能，可将肉牛场布局划分为生活管理区、生产区、隔离及粪污处理区。有单独的母牛舍、犊牛舍、育成牛舍、育肥牛舍、运动场。各功能区既界限分明，又便于生产周转，符合防疫和防火要求。各功能区间距应不少于 50 米，并有防疫隔离带或围墙。

（一）主导风向

肉牛场生活管理区位于主导风向的上风处。管理区与生活区一般平行布局，位于主导风向的上风处。如果不能平行，生活区位于管理区下风处。生产区位于管理区、生活区的下风处。隔离及粪污处理区位于最下风处（图 1–1）。

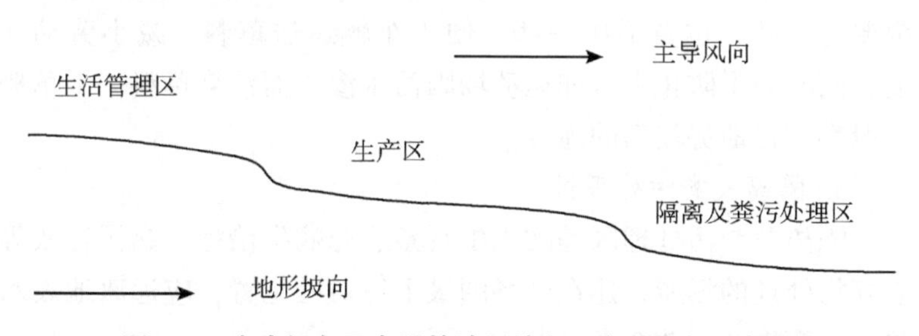

图 1–1　肉牛场各区布局的地形坡向、主导风向示意图

（二）地势

管理区和生活区位于肉牛场地势较高的地方，生产区地势略低于管理区和生活区，隔离及粪污处理区位于地势最低处。

（三）牛场分区

1. 生活管理区

管理区是整个肉牛场的管理部门，负责生产指挥、生产资料供给、产品销售、对外联系场所。管理区靠近牛场大门，与生产区严格分开，保证50米以上。

生活区是肉牛场工作人员生活的场所。从管理与防疫方面考虑，应单独设置，距离生产区100米以上，若条件不具备，也可以与管理区合并。

2. 生产区

生产区包括主生产区和辅助生产区。主生产区包括牛舍、运动场、积粪场等，这是肉牛场的核心，应设在场区地势较低的位置，要能控制场外人员和车辆，使之不能直接进入主生产区，要保证安全、安静。各牛舍之间要保持适当距离，布局整齐，以便防疫和防火；但也要适当集中，节约水电线路管道，缩短饲草、饲料及粪便运输距离，便于科学管理。辅助生产区包括饲料库、饲料加工车间、青贮池、机械车辆库、采精授精室、液氮生产车间、干草棚等。饲料库、干草棚、饲料加工车间和青贮池，离牛舍要近一些，位置适中一些，便于车辆运送草料，减小劳动强度，同时为了防止牛舍和运动场因污水渗入而污染草料，干草棚一般都建在地势较高的地方。

3. 隔离及粪污处理区

隔离及粪污处理区是购入牛观察、患病牛治疗、粪污存放等废弃物处理的场所，建在牛场的最下风口处位置，应远离地表水源，距离生产区200米以上。

（1）隔离舍。建在牛舍下风处，采用拴系饲养方式，可以按照牛场存栏规模的5%建设。

（2）兽医室。与病牛隔离舍紧邻，可以设有相应的检验室、

药品室和处置室。

(3) 粪污处理区。建有牛粪堆放区和相应的处理设施，必须进行防雨、防渗处理，而且能满足存放至少 3 个月粪污排放量的需要（图 1-2）。

图 1-2　牛粪堆放区

4. 其他

牛场周围设防疫围墙，与牛舍的距离不小于 6 米，与其他建筑物的距离不小于 3.5 米。进出场区大门不少于 2 个，分别与净道和污道相连接。大门宽 6~8 米，大门下方设长 6~8 米、深 0.3 米的车辆消毒池（图 1-3），大门一侧设置门卫室和消毒室，消毒室应安装喷雾消毒设施、紫外线消毒灯以及洗手池和足浴消毒设施。

图 1-3　养殖场入口车辆消毒池

第二节　牛舍类型与建造

一、牛舍类型

（一）按屋顶结构分类

按屋顶结构不同，牛舍可分为单坡式、双坡式、钟楼式和半钟楼式（图 1-4）。

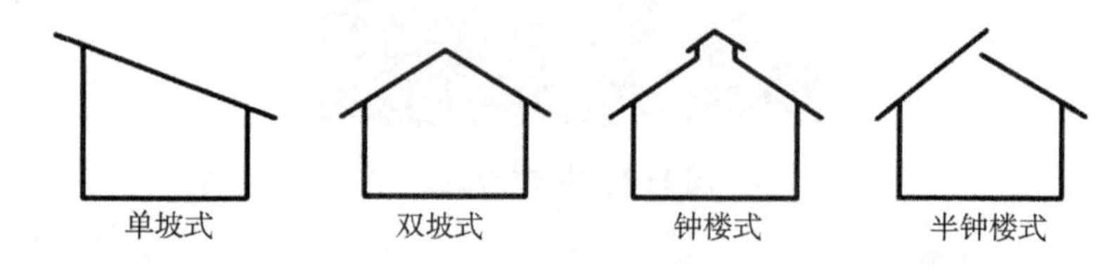

图 1-4　按屋顶结构分类

1. 单坡式

只有一个坡向，跨度小，有利于采光，适用于单列式牛舍。单坡式构造主要用于家庭式小型牛场，造价低廉。

2. 双坡式

有两个坡向，跨度大，保温性能好，适用于双列式牛舍。双坡式造价相对较低，可利用面积大，适用性广。

3. 钟楼式

在双坡式屋顶上开双侧天窗，有利于散热、散湿、通风和采光，但构造比较复杂、用料多、造价高。

4. 半钟楼式

构造较钟楼式简单，仅向阳面单侧设顶窗，也能获得较好的通风效果。

（二）按开放程度分类

按开放程度不同，牛舍可分为全开放式牛舍、半开放式牛舍和全封闭式牛舍。

1. 全开放式牛舍

此类牛舍四周无墙壁，用围栏围护（图1-5）。这种牛舍只能缓和某些不良因素的影响，如风、雨、雪、阳光等，但其结构简单、施工方便、造价低廉、因此利用比较广泛。从使用效果来看，在我国中部地区及北方等气候干燥的地区应用效果较好，但在南方应用效果不佳，因为南方气候炎热潮湿，全开放式牛舍几乎无法防止辐射热，无法人为控制牛舍环境温度和湿度，不能很好地强制吹风和喷水，蚊蝇防治效果也差。

图1-5　全开放式牛舍

2. 半开放式牛舍

此类牛舍三面有墙，向阳一面敞开，有顶棚，在敞开一侧设有围栏，敞开部分在冬季可以遮拦，形成封闭状态。单侧或三侧封闭墙上加装窗户，夏季打开窗户能通风降温，冬季封闭窗户可保持舍内温度，使舍内环境得到改善。这类牛舍造价低廉、节省劳动力，但冷季防寒效果差。

塑料暖棚牛舍属于半开放式牛舍的一种，是最近几年北方寒冷地区推出的一种比较保温的半开放式牛舍。就是冬季将半开放式牛舍用塑料薄膜封闭敞开部分，利用太阳能和牛体散发的热量，使舍温升高，同时塑料薄膜也避免了热量的散失。

3. 全封闭式牛舍

此类牛舍四周均有墙壁（图 1–6），比较适合我国北方寒冷地区，有利于冬季防寒保暖。牛舍建设时，要根据当地主风向决定牛舍朝向，一般坐北朝南，前后有窗，南面窗户大，利于采光采暖，北面窗户小，便于保暖，冬季舍内温度可以保持 10 ℃以上，夏季借助自然通风和风扇等降温。主风向和牛舍的长度决定开门的方向和位置，一般在南面中间开门，门前设运动场。

图 1–6　全封闭式牛舍

（三）按牛舍内牛排列方式分类

按牛舍内牛排列方式，可将牛舍分为单列式牛舍和双列式

牛舍。

1. 单列式牛舍

此类牛舍一般适用于几十头牛的牛场，在以家庭养殖为主的小型农户较为常见。牛舍跨度小，通风散热面积大，设计简单，容易管理，但每头牛均摊造价要高于双列式牛舍。

2. 双列式牛舍

此类牛舍适用于中等以上规模的养殖场（户）。舍内设有两排牛床，多采取头对头式饲养，中央为通道（图 1–7）。牛舍跨度大，沿纵轴分成左右两个单元，牛舍长度根据养牛数量决定。

图 1–7　双列式牛舍

大型牛舍均为双列式，大跨度、高举架。舍宽一般在 25 米以上，舍高在 5 米以上，舍中间设有全混合日粮饲喂通道。此类牛舍造价较高，但保暖、防寒性能较好，适用于我国北方寒冷地区。

二、牛舍建造要求

牛舍应满足隔热、保温、通风和采光的要求，还要注意坚固，有足够的强度和稳定性。不同类型牛舍内建筑面积参数见表

1-1。产房成母牛存栏规模占牛场成母牛数的10%~15%。

表 1-1　不同类型牛舍内建筑面积参数　（单位：米²/头）

成母牛舍	产房	带犊母牛舍	断奶犊牛舍	育成母牛舍
8~10	10~12	11~13	3~4	6~8

牛舍建造要满足以下条件：足够的生产活动空间，通畅的供排水及排污设施，舒适的躺卧、休息空间，充足且干净的饲槽空间，良好的通风。

第三节　肉牛场配套设施设备

一、肉牛场配套设施

（一）地面

舍内地面要求坚实，具有一定的摩擦力，不能磨伤牛蹄，也不会打滑，一般采用立砖或混凝土凹槽建设，凹槽深度 1 厘米，间距 3~5 厘米。

（二）牛床

采取拴系饲养方式时，牛床是牛吃料和休息的地方，牛一天大概一半的时间都在牛床上休息，因此牛床一定要满足保温、不吸水、坚固、容易卫生消毒及耐用的基本要求。牛床的长度依牛体大小而定。一般牛床设计是使牛前躯靠近饲槽后壁，后肢接近牛床边缘，粪便能直接落入粪沟内即可。牛床不宜过短或过长，牛床过短时牛起卧受限，容易引起腰肢受损；牛床过长时粪便不能落入排粪沟，容易污染牛床和牛体。实际生产中，拴系饲养方式每头成母牛卧床一般按长 1.8 米，宽 1.2 米修建；散栏饲养方式中牛床设计按体重 350 千克以下 2~3 米²/头，体重 350 千克以

上 3～5 米^2/头计算。同时，牛床应有适当的坡度，并高出清粪通道 5 厘米，以利于冲洗和保持干燥，坡度常采用 1°～5°。牛床上铺设垫料，既有利于保持干燥、减少蹄病，又有利于保持牛床卫生。

（三）饲槽与水槽

牛舍饲槽一般分为地面饲槽和有槽饲槽。机械饲喂的牛舍一般采用地面饲槽并配置饮水器（图 1-8），人工饲喂而无其他饮水设备的则多采用有槽饲槽兼作水槽，放牧饲养一般设补饲槽。地面饲槽设计时饲槽底部一般比牛站立的地面高 15～30 厘米。饲槽挡料板或墙比饲槽底部高 20～30 厘米，防止牛采食时将蹄子伸到饲槽内。如果需要将饲槽兼作水槽，则可抬高中间饲喂走道，加深饲槽，将槽底抹成圆弧形，以便牛群饮水。

（四）饲喂通道

单列式牛舍，饲喂通道位于饲槽与墙壁之间，一般不小于 1.5 米。双列式牛舍，饲喂通道位于两列之间，宽度不小于 2.5 米。总的来说，饲喂通道的宽度根据送料设备作业宽度而定。

图 1-8　肉牛场地面饲槽与饮水器

（五）粪尿沟及清粪通道

粪尿沟位于拴系牛舍牛床后端，宽度一般25~30厘米，深度10~15厘米，并向贮粪池一端倾斜2°~3°。散栏饲养牛舍一般不设粪尿沟。清粪通道宽度一般1.6~2.0米，也是牛进出的通道，多修成水泥路面，路面应有一定坡度，并刻上线条防滑。清粪通道宽也可根据清粪设备作业宽度而定。

（六）运动场

饲养种牛、犊牛的牛舍，应设有运动场。运动场多设在两舍间的空余地带，与牛舍等长，四周栅栏围起，围栏高度在1.2~1.5米，立柱间隔1.5~2.0米。不同类型牛舍运动场建设面积参数见表1-2。运动场的地面用立砖或三合土铺成，中间向两边倾斜，三面设排水沟，向清粪通道一侧倾斜。运动场内设水槽和补饲槽，且水槽和补饲槽应设在运动场的一侧，数量要充足，布局要合理，以避免牛争食、争饮、顶撞。

表1-2　不同类型牛舍运动场建筑面积参数　（单位：米^2/头）

成母牛舍	产房	带犊母牛舍	断奶犊牛舍	育成母牛舍
15~20	15~20	20~25	5~8	10~15

（七）饲料加工、储藏设施

1. 青贮窖

青贮窖（含平贮）要选择建在排水好、地下水位低、防止倒塌和地下水渗入的地方，要求用水泥等建筑材料制作，密封性好，防止空气进入。青贮饲料的储备量按每头牛10千克/天计算，总储备量应当满足牛场全年需要量。

2. 草料库

根据饲草料原料的供应条件设计，应分为饲料库和干草棚，总储藏量应满足3~6个月生产需要用量的要求，精饲料的储藏

量应满足 1~2 个月生产用量的要求。

（八）道路

与场外运输连接的主干道要连通；通往畜舍、干草棚、饲料库、饲料加工调制车间、青贮窖等运输支干道宽度不低于 3 米；运输饲料的道路与粪污道路分开，不交叉。

二、肉牛场配套设备

根据肉牛场实际需要，需配备必要的拴系设备、除粪设备、消毒设备、牛舍通风及防暑降温设备、青饲料铡草机械、全混合日粮搅拌喂料车、牧草收获机以及其他设备，包括保定架、牛体刷、鼻环、吸铁器、诊疗设备等。

（一）拴系设备

用以限制牛在牛床内的活动范围，使牛的前脚不能踩入饲槽，后脚不能踩入粪沟，牛身不能横躺在牛床上，但也不妨碍牛的正常站立、躺卧、饮水和采食。

拴系设备有链式和关节颈枷式等类型。

链式拴系设备常用的是软横行链式颈枷。两根长链（760 毫米）穿在牛床两边支柱的铁棍上，能上下自由活动；两根短链（500 毫米）组成颈圈，套在牛的颈部。结构简单，但需用较多的手工操作来完成拴系和释放肉牛的工作。

关节颈枷式拴系设备在欧美使用较多，有拴系或释放一头牛的，也有同时拴系或释放一批牛的。它由两根管子组成长形颈枷，套在牛的颈部。颈枷两端都有球形关节，使牛有一定活动范围。

（二）除粪设备

除粪设备有机械除粪设备和水冲除粪设备两种。机械除粪设备有连杆刮板式除粪设备、环形刮板式除粪设备、双翼形推粪板式除粪设备和运动场上除粪设备等。

连杆刮板式除粪设备用于单列式牛舍的粪沟内除粪，链条带动带有刮板的连杆，在粪沟内往复运动，刮板单向刮粪，逐渐把粪刮向一端粪坑内。

环形刮板式除粪设备用于双列式牛舍的粪沟内除粪，将双列式牛床粪沟连成环形状（类似操场跑道），环形刮板在沟内做水平环形运动，在牛舍一端环形粪沟下方设一粪池（坑）及倾斜链板升运器，粪入粪池后，再提运到舍外装车，运出舍外。

双翼形推粪板式除粪设备用于宽粪沟的隔栏散养牛舍的除粪作业，电机、减速器、钢丝绳、翼形推粪板往复运动，把粪刮入粪沟内，往复运动由行程开关控制。翼形刮板（推粪板）有双翼板，两板可绕销轴转动，推粪时呈“V”形，返回时两翼合拢。

运动场上除粪设备在除粪车（铲车）前方有一刮蒸铲，向一方推成堆状，发酵处理或装车运出场外。

(三) 消毒设备

1. 喷雾消毒推车

用于牛舍内消毒，便于移动、使用维护简便。

2. 消毒液发生器

用于生产次氯酸钠消毒液，具有成本低廉、便于操作的特点，可以现制现用，解决了消毒液运输、储藏的困难，特别适合大型肉牛规模饲养场使用。

(四) 牛舍通风及防暑降温设备

轴流式风机是常见的牛舍通风设备，这种风机既可排风，又可送风，而且风量大。电风扇也常用于牛舍通风，一般为吊扇。

喷淋降温系统是目前最实用而有效的防暑降温设备。它将细水滴喷到牛背上湿润它的皮肤，利用风扇及牛体的热量使水分蒸

发以达到降温的目的。该设备主要是用来降低牛身体的温度，而不是牛舍的温度。当仅靠开启风扇不能有效消除肉牛热应激的影响时，可以将机械通风和喷淋结合。喷淋降温系统主要包括水路管网、水泵、电磁阀、喷嘴、风扇以及含继电器在内的控制设备。喷水与风扇结合使用，会形成强制气流，提高蒸发散热效率，迅速带走牛体多余的热量。机械通风和喷淋要交替进行。

（五）青饲料铡草机械

铡草机又称切碎机，主要用于切碎粗饲料，如水稻秸秆、小麦秸秆、玉米秸秆等。按机型可分为小型、中型和大型。小型铡草机适用于广大农户和小规模饲养户，用于铡碎干草、秸秆或青饲料。中型铡草机可以切碎干秸秆和青饲料，故又称秸秆青贮饲料切碎机。大型铡草机常用于规模较大的饲养场，主要用于切碎青贮原料，故又称青贮饲料切碎机。铡草机是农牧场、农户饲养草食家畜必备的机具。秸秆、青贮饲料或青饲料加工利用时，切碎是第一道工序，也是提高粗饲料利用率的基本方法。铡草机按切割部分形式可分为滚筒式和圆盘式两种。大、中型铡草机为了便于抛送青贮饲料，一般多为圆盘式，而小型铡草机以滚筒式居多。大、中型铡草机为了便于移动和作业，常装有行走轮，而小型铡草机多为固定式的。

（六）全混合日粮搅拌喂料车

全混合日粮搅拌喂料车主要由自动抓取、自动称量、粉碎、搅拌、卸料和输送装置等组成，有多种规格，适用于不同规模的肉牛场、肉牛养殖小区及全混合日粮饲料加工厂。固定式与移动式的选择主要应从牛舍建筑结构、人工成本、耗能成本等方面考虑。一般尾对尾老式牛舍，过道较窄，搅拌车不能直接进入，最好选择固定式；而一些大型牛场，牛舍结构合理，从自动化发展需求和人员管理难度考虑，最好选择移动式。中、小型牛场固定式与移动式的选择应从运作成本考虑，主要涉及耗油、耗电、人工、管理等方面。

全混合日粮搅拌喂料车可以自动抓取青贮饲料、草捆和啤酒糟等，可以大量减少人工，简化饲料配制及饲喂过程，提高肉牛饲料的转化率。

（七）牧草收获机

牧草收获机是将生长的牧草或作为饲草的其他作物切割、收集、制成各种形式干草的作业设备。机械化收获牧草具有效率高、成本低，以及能适时收、多收等优点。畜牧业发达国家都非常重视牧草收获方法，主要使用的收获方法是散草收获法和压缩收获法两种。

散草收获法的主要机具配置有割草机、搂草机、切割压扁机、集草器、运草车、垛草机等。不同机具系统由不同单机组成。工艺流程是割草机割草—搂草机搂草—方捆机压方捆（或圆捆机压圆捆）—捡运或（装运）—储藏。要正确选择各单机，使各道工序之间的配合和衔接经济合理，保证整个收获工艺经济效果最佳。

压缩收获法比散草收获法的生产效率高（省略了集草堆垛工序），提高生产率 7~8 倍，草捆密度高、质量好，便于保存和提高运输效率。各单机技术水平和性能较先进，适合于我国牧区地势较平坦、产草量较高的草场。但一次性投资大，使用技术高，目前只在经济条件较好的牧场及储草站使用。

（八）其他设备

1. 保定架

保定架是牛场不可缺少的设备，可用于给牛打针、灌药、打耳号及治疗时。保定架通常用原木或钢管制成，架的主体高 160 厘米，支柱高 200 厘米，立柱部分埋入地下约 40 厘米，架长 150

厘米，宽 65~70 厘米。

2. 牛体刷

全自动牛体刷包括吊挂固定基础部件、通过固定连接件悬挂在吊挂固定基础部件上的电动机和刷体，可实现刷体自动旋转、停止及手动控制。当牛将刷体顶起倾斜时，电动机自动起动，带动刷体旋转；当牛离开时，电动机带动刷体继续旋转一段时间后停止。

牛体刷能够使牛自我清洁，减少牛身体上的污垢和寄生虫。同时，牛体刷还可以促进牛血液循环，保持牛皮毛干净，使牛的头部、背部和尾部得到清理，不再到处摩擦搔痒，从而节约费用、预防事故发生。牛体刷也是生产高档牛肉必备的设备之一。

3. 鼻环

为便于抓牛、牵牛和拴牛，尤其是对未去势的公牛，常给牛戴上鼻环。鼻环有两种类型：一种为不锈钢材料制成，质量好又耐用；另一种为铁或铜材料制成，质地较粗糙，材料直径 4 毫米左右。

注意不宜使用不结实、易生锈的材料，其往往将牛鼻拉破，引起感染。

4. 吸铁器

牛采食时大口吞咽，如果杂草中混杂着细铁丝等杂物，牛容易误食，一旦吞进去以后，就不能排出，会积累在瘤胃里面对牛的健康造成伤害，所以可以使用吸铁器将杂草里的杂物吸出。

5. 诊疗设备

兽医室需要配备消毒器械、无血去势钳、弹力去势器、诊断器械、灌药器、注射器械、修蹄工具以及助产器等。

第二章　肉牛的品种

第一节　国外肉牛品种

一、夏洛莱牛

（一）产地及分布

夏洛莱牛原产于法国中西部到东南部的夏洛莱省和涅夫勒地区，因其生长快、肉量多、体形大、耐粗放管理而受到国际市场的广泛认可，已出口到世界许多国家。

（二）外貌特征

夏洛莱牛最显著的特点是被毛为白色或乳白色，皮肤常有色斑；全身肌肉特别发达；骨骼结实，四肢强壮，体力强大。夏洛莱牛头小而宽，角圆而较长、向前方伸展、角质蜡黄，颈粗短，胸宽深，肋骨方圆，背宽肉厚，体躯呈圆筒状，后躯、背腰和肩胛部肌肉发达，并向后和侧面突出，常形成“双肌”特征。公牛常有双鬐甲和凹背的缺点。

（三）生产性能

夏洛莱牛生长速度快、增重快，瘦肉多、肉质好、无过多的脂肪。成年公牛平均活重为 1 100~1 200千克，成年母牛平均活重为 700~800 千克。6 月龄的公犊体重可以达 250 千克，母犊体重可达 210 千克。犊牛日增重可达 1.4 千克。产肉性能好，屠宰

率一般为60%~70%，胴体瘦肉率为80%~85%。16月龄的育肥母牛胴体重达418千克，屠宰率为66.3%。夏洛莱母牛发情周期为21天，发情持续期为36小时，产后第一次发情时间为62天，妊娠期平均为286天。适应能力强，耐寒、抗热。夏季全日放牧时，采食快、觅食能力强，不补饲也能增重上膘。

二、利木赞牛

（一）产地及分布

利木赞牛原产于法国中部的利木赞高原，主要分布在法国的中部和南部的广大地区，数量仅次于夏洛莱牛，属于专门化的大型肉牛品种。

（二）外貌特征

利木赞牛毛色为红色或黄色，背毛浓厚而粗硬，有助于抵御严寒。口鼻周围、眼圈周围、四肢内侧及尾帚的毛色较浅，角为白色，蹄为红褐色。头较短小，额宽，胸部宽深，体躯较长，后躯肌肉丰满，四肢粗短。利木赞牛全身肌肉发达，骨骼比夏洛莱牛略细，一般较夏洛莱牛小一些。成年公牛平均体重为1 100千克，成年母牛平均体重为600千克。在法国较好的饲养条件下，公牛活重可达1 200~1 500千克，母牛活重可达600~800千克。

（三）生产性能

利木赞牛产肉性能好、出肉率高，胴体质量好，眼肌面积大，前后肢肌肉丰满，在肉牛市场上很有竞争力。其育肥牛屠宰率约为65%，胴体瘦肉率为80%~85%，且脂肪少、肉味好，市场售价高。在集约饲养条件下，犊牛断奶后生长很快，10月龄体重即可达408千克，周岁时体重可达480千克左右，哺乳期平均日增重为0.86~1.00千克。8月龄的小牛就可生产出具有大理石纹的牛肉。因此，利木赞牛是法国等一些欧洲国家生产牛肉的主要品种。

三、安格斯牛

（一）产地及分布

安格斯牛原产于英国的阿伯丁、安格斯和金卡丁等地区，目前大多数国家都有该品种牛。安格斯牛属于古老的小型肉牛品种。

（二）外貌特征

安格斯牛以被毛黑色和无角为重要特征，故又称无角黑牛，也有红色被毛的安格斯牛。体躯低矮、结实、宽深、呈圆筒形，头小而方，额宽，四肢短而直，前后裆较宽，全身肌肉丰满，具有现代肉牛的典型体形。

（三）生产性能

安格斯牛适应性强，耐寒、抗病。成年公牛平均活重为700~900千克，成年母牛平均活重为500~600千克；犊牛平均初生重为25~32千克。成年公牛、母牛平均体高分别为130.8厘米和118.9厘米。屠宰率一般为60%~65%。哺乳期日增重为0.9~1.0千克，育肥期平均日增重（1.5岁以内）为0.7~0.9千克。表现早熟，胴体品质高，出肉多，肉用性能好，牛肉有大理石纹，被认为是世界上专门化肉牛品种中的典型品种。

四、海福特牛

（一）产地及分布

海福特牛原产于英国的赫里福德郡，是世界上最古老的中小型早熟肉牛品种，现分布于世界上许多国家。

（二）外貌特征

海福特牛具有典型的肉用牛体形，分为有角和无角两种。颈

粗短，背腰宽平，臀部宽厚，肌肉发达，四肢短粗，侧望体躯呈矩形。全身被毛除头、颈垂、腹下、四肢下部及尾帚为白色外，其余均为红色，皮肤为橙黄色，角为蜡黄色或白色。

（三）生产性能

成年母牛平均体重为 520～620 千克，成年公牛平均体重为 900～1 100千克；犊牛平均初生重为 28～34 千克。7～18 月龄的牛平均日增重为 0.8～1.3 千克；在良好的饲养条件下，7～12 月龄的牛平均日增重可达 1.4 千克。屠宰率一般为 60%～65%，18 月龄公牛活重可达 500 千克以上。即使处于冬季严寒（-50～-48 ℃）或夏季酷暑（38～40 ℃）的条件下，海福特牛都可以放牧饲养和正常生活繁殖，表现出良好的适应性和生产性能。

五、短角牛

（一）产地及分布

短角牛原产于英国的诺森伯兰郡、达勒姆郡和约克郡，21 世纪初已被培育成为世界闻名的肉牛良种。近代短角牛有两种类型：肉用短角牛和乳肉兼用型短角牛。

（二）外貌特征

短角牛被毛以红色为主，有白色和红白交杂的沙毛个体，个别腹下或乳房部位有白斑；鼻镜呈粉红色，眼圈色淡；皮肤细致柔软。短角牛属典型肉用牛体形，侧望体躯为矩形，背部宽平，背腰平直，臀部宽广、丰满，股部宽。体躯各部位结合良好，头短，额宽平。角短细、向下稍弯，角呈蜡黄色或白色，角尖部为黑色。颈部被毛较长且多卷曲，额顶部有丛生的被毛。

（三）生产性能

成年公牛活重为 900～1 200 千克，成年母牛活重为 600～700 千克。公牛、母牛平均体高分别为 136 厘米和 128 厘米左右。17

月龄的牛活重可达500千克，屠宰率为65%以上。早熟性好，肉用性能突出，粗饲料利用能力强，增重快，产肉多，肉质细嫩。牛肉的大理石纹好，但脂肪沉积不够理想。

六、皮埃蒙特牛

（一）产地及分布

皮埃蒙特牛原产于意大利的皮埃蒙特地区，原为役用牛，经长期选育，现已成为生产性能优良的专门化肉用品种。

（二）外貌特征

皮埃蒙特牛体躯发育充分，体形较大，胸部宽阔，肌肉发达，四肢强健。公牛皮肤为灰色，眼、睫毛、眼睑边缘、鼻镜、唇及尾帚为黑色，肩胛毛色较深。母牛毛色为全白，有的个体眼圈为浅灰色，眼睫毛、耳郭四周为黑色。犊牛幼龄时毛色为乳黄色，4~6月龄胎毛褪去后，呈成年牛毛色。牛角在12月龄变为黑色，成年牛的角底部为浅黄色，角尖部为黑色。

（三）生产性能

成年公牛体重不低于1 000千克，成年母牛体重为500~600千克。公牛和母牛平均体高分别为150厘米和136厘米。育肥期日增重为1.360~1.657千克，公牛屠宰适期活重为550~600千克，在15~18月龄即可达到此值。14~15月龄的母牛体重可达400~450千克。母牛肉质细嫩，瘦肉含量高，屠宰率为65%~70%。公牛屠宰率为68.23%。

七、西门塔尔牛

（一）产地及分布

西门塔尔牛原产于瑞士的阿尔卑斯山区，主要产地为西门塔尔平原和萨能平原，现成为世界上分布最广、数量最多的乳、

肉、役兼用牛品种之一。

（二）外貌特征

西门塔尔牛属宽额牛，角较细而向外上方弯曲、尖端稍向上。毛色为黄白花或红白花，身躯缠有白色胸带，腹部、尾梢、四肢在飞节和膝关节以下为白色。颈长中等，体躯长。西门塔尔牛属欧洲大陆型肉用体形，体表肌肉群明显易见，臀部肌肉充实肌肉深、多呈圆形，前躯较后躯发育好，胸深，四肢结实、大腿肌肉发达，乳房发育好。

（三）生产性能

成年公牛平均体重为 800~1 200 千克，成年母牛平均体重为 650~800 千克。乳、肉用性能均较好，平均年产奶量为 4 070千克，乳脂率为 3.9%。生长速度较快，平均日增重可达 1.0 千克，生长速度与其他大型肉用品种相近，胴体肉多、脂肪少而分布均匀。公牛育肥后屠宰率可达 65%左右。成年母牛难产率低，适应性强，耐粗放管理。

八、德国黄牛

（一）产地及分布

德国黄牛原产于德国和奥地利，由瑞士褐牛与当地黄牛杂交选育而成。

（二）外貌特征

德国黄牛毛色为浅黄色到浅红色，体躯长、体格大，胸深、背直，四肢短而有力，肌肉强健。母牛乳房大，附着结实。

（三）生产性能

成年公牛活重为 900~1 200千克，成年母牛活重为 600~700 千克。公牛、母牛平均体高分别为 145~150 厘米和 130~134 厘米。屠宰率为 62%，净肉率为 56%。泌乳期平均泌乳量为 4 164

千克，乳脂率为4.15%。母牛初产年龄为28月龄，犊牛平均初生重为42千克，难产率很低。小牛易育肥，肉质好，屠宰率高。去势小公牛育肥至18月龄时体重达500~600千克。

九、丹麦红牛

（一）产地及分布

丹麦红牛原产于丹麦的西兰岛、洛兰岛及默恩岛。1878年育成，以泌乳量、乳脂率及乳蛋白率高而闻名于世，现在许多国家都有分布。

（二）外貌特征

丹麦红牛的被毛呈一致的紫红色，不同个体间也有毛色深浅的差别；部分牛的腹部、乳房和尾帚生有白毛。体躯长而深，胸部向前突出，背腰平直，臀宽平，四肢粗壮结实，乳房发达而匀称。

（三）生产性能

成年公牛活重为1 000~1 300千克，成年母牛活重为650千克。公牛、母牛平均体高分别为148厘米和132厘米。犊牛平均初生重为40千克。产肉性能较好，平均屠宰率为54%，育肥牛胴体瘦肉率为65%左右。犊牛哺乳期日增重较高，平均日增重为0.7~1.0千克。性成熟早，耐粗饲，耐寒、耐热，采食快，适应性强，泌乳性能也好。

十、比利时蓝白牛

（一）产地及分布

比利时蓝白牛原产于比利时的南部，能够适应多种生态环境，是欧洲市场较好的双肌大型肉牛品种。山西、河南分别于1996年和1997年引入比利时蓝白牛。

（二）外貌特征

比利时蓝白牛的毛色主要是蓝白色和白色，也有少量带黑色毛片的牛。体躯强壮，背直，肋圆。全身肌肉极度发达，臀部丰满，后腿肌肉突出。

（三）生产性能

成年公牛体重可达1 250千克，成年母牛体重可达750千克。早熟，幼龄公牛可用于育肥。经育肥的比利时蓝白牛，胴体中可食部分比例大，优等者胴体中肌肉约占70%、脂肪约占13.5%、骨约占16.5%。胴体一级切块率高。肌纤维细，肉质嫩，肉质完全符合国际市场的要求。

第二节　我国肉牛品种

一、延边黄牛

（一）产地及分布

延边黄牛的中心培育区在吉林省东部的延边朝鲜族自治州，州内的图们市、龙井市为核心区。延边黄牛是经杂交、回交、自群繁育、群体继代选育几个阶段而形成的。

（二）外貌特征

延边黄牛全身被毛颜色均为黄红色或浅红色，股间色淡。公牛角较粗壮，平伸；母牛角细，多为龙门角。骨骼坚实，体躯结构匀称、结合良好。公牛头较短宽，母牛头较清秀。

（三）生产性能

屠宰前短期育肥18月龄公牛平均宰前活重为432.6千克，胴体重为255.7千克，屠宰率为59.1%，净肉率为48.3%，日增重为0.8~1.2千克。母牛初情期为8~9月龄，初配期为13~15

月龄，发情周期为20~21天，持续期约20小时，平均妊娠期为283~285天。公牛性成熟期为14月龄。公牛平均初生重为30.9千克，母牛平均初生重为28.8千克。

二、秦川牛

(一) 产地及分布

秦川牛因产于陕西关中平原而得名，渭南、蒲城、扶风和岐山等15个地区为主产区，目前全国各地都有。

(二) 外貌特征

秦川牛体格高大，骨骼粗壮，肌肉丰满，体质强健，前躯发育好，具有肉役兼用牛的体形。头部方正，肩长而斜。胸部宽深，肋长而弓。背腰平直宽长，长短适中，结合良好。荐骨稍隆起，后躯发育中等。四肢粗壮结实，两前肢相距较宽，蹄叉很紧。角短而钝。被毛细致有光泽，毛色多为紫红色及红色。鼻镜呈肉红色，部分个体有色斑。蹄壳和角多为肉红色。公牛头大颈短，鬐甲高而厚，肉垂发达；母牛头清目秀，鬐甲低而薄，肩长而斜，荐骨稍隆起。缺点是牛群中常见臀稍斜的个体。

(三) 生产性能

肉用性能比较突出，短期（82天）育肥后屠宰，18月龄和22.5月龄屠宰的公阉牛、母阉牛，其平均屠宰率分别为58.3%和60.75%，净肉率分别为50.5%和52.21%，相当于国外乳肉兼用品种水平。13月龄屠宰的公牛、母牛其平均肉骨比(6∶13)、瘦肉率（76.04%）、眼肌面积（公牛为106.5厘米^2）均远远超过国外同龄肉牛品种。平均泌乳期为7个月，泌乳量为715.8千克（最高达1 006.75千克）。常年发情，在中等饲养条件下，初情期为9.3月龄左右。成年母牛平均发情周期为20.9天，平均发情持续期为39.4小时，妊娠期为285天左右，产后第一次发

情约需 53 天。公牛一般在 12 月龄性成熟，在 2 岁左右配种。

三、夏南牛

（一）产地及分布

夏南牛育成于河南省泌阳县，是中国第一个具有自主知识产权的肉用牛品种。夏南牛是以法国夏洛莱牛为父本、以南阳牛为母本，经杂交创新、横交固定和自群繁育 3 个阶段，采用开放式育种方法培育而成的肉用牛新品种。

（二）外貌特征

夏南牛毛色纯正，以浅黄、米黄色居多。公牛头方正，额平直。成年公牛额部有卷毛；母牛头清秀，额平且稍长。公牛角呈锥状，水平向两侧延伸；母牛角细圆，致密光滑，多向前倾。耳中等大小，鼻镜为肉色。颈粗壮，平直。成年牛结构匀称，体躯呈长方形，胸深而宽，肋圆，背腰平直，肌肉比较丰满，臀部长、宽、平、直，尾细长。四肢粗壮，蹄质坚实，蹄壳多为肉色。母牛乳房发育较好。

（三）生产性能

公牛、母牛平均初生重分别为 38 千克和 37 千克，18 月龄公牛体重达 400 千克以上，成年公牛体重可达 850 千克以上。24 月龄母牛体重可达 390 千克，成年母牛体重可达 600 千克以上。母牛经过 180 天的饲养试验，平均日增重为 1.11 千克；公牛经过 90 天的集中强度育肥，日增重达 1.85 千克。未经育肥的 18 月龄公牛平均屠宰率为 60.13%，净肉率为 48.84%，眼肌面积为 117.7 厘米^2，熟肉率为 58.66%，肉骨比为 4.81：1，优质肉切块率为 38.37%，高档牛肉率为 14.35%。平均初情期为 432 天，最早为 290 天；平均发情周期为 20 天；平均初配时间为 490 天；平均妊娠期为 285 天；产后平均发情时间为 60 天；难产率为 1.05%。

四、晋南牛

(一) 产地及分布

晋南牛产于山西省西南部汾河下游的晋南盆地，是经过长期不断的人工选育而形成的地方良种。

(二) 外貌特征

晋南牛属于大型役肉兼用品种，体格粗壮，胸围较大，躯体较长。成年牛的前躯较后躯发达，胸部及背腰宽阔，毛色以枣红色为主，红色和黄色次之，富有光泽；鼻镜和蹄壳多呈粉红色。角为顺风角。公牛头短，额宽，颈较短粗，背腰平直，肉垂发达，肩峰不明显，臀端较窄；母牛头部清秀，体质强健，但乳房发育较差。

(三) 生产性能

产肉性能良好，中等营养水平饲养的 18 月龄的牛，平均屠宰率和净肉率分别为 53.9%和 40.3%；经高营养水平育肥的牛，平均屠宰率和净肉率分别为 59.2%和 51.2%。育肥的成年阉牛平均屠宰率和净肉率分别为 62.00%和 52.69%。育肥日增重、饲料报酬、形成大理石肉等性能优于其他品种。泌乳期为 7~9 个月，平均泌乳量为 754 千克，乳脂率为 55%~61%。性成熟期为 10~12 月龄，初配年龄为 18~20 月龄，产犊间隔为 14~18 个月，妊娠期为 287~297 天，繁殖年限为 12~15 年，繁殖率为 80%~90%。犊牛平均初生重为 23.5~26.5 千克。

五、鲁西黄牛

(一) 产地及分布

鲁西黄牛产于山东省西南部的菏泽、济宁两地，以郓城、鄄

城和嘉祥等县为中心产区。黄淮地区、河北等地也有分布。

（二）外貌特征

鲁西黄牛体躯高大，结构紧凑，肌肉发达，前躯较宽深，具有较好的肉役兼用体形。被毛从浅黄色到棕红色都有，而以黄色为最多，占70%以上。一般前躯毛色较后躯深，公牛毛色较母牛的深。多数牛口鼻周围、眼圈周围、四肢内侧及尾帚的毛色较浅。肉垂较发达，角多为龙门角。公牛肩峰宽厚而高，胸深而宽，后躯发育差，臀部肌肉不够丰满，前高后低；母牛后躯较好，鬐甲低平，背腰短而平直，臀部稍倾斜，尾细长。

（三）生产性能

肉用性能良好，18 月龄的育肥牛的平均屠宰率为 57.2%、净肉率为 49.0%、肉骨比为 6∶1。皮薄骨细，肉质细嫩，大理石纹明显，市场占有率较高。繁殖能力较强，公牛一般 2.0~2.5 岁开始配种；母牛性成熟早，有的 8 月龄即能受胎。一般 10~12 月龄开始发情，平均发情周期为 22 天，范围为 16~35 天，发情持续期为 2~3 天。平均妊娠期为 285 天，范围为 270~310 天。产后第一次发情平均为 35 天，范围为 22~79 天。

六、延边牛

（一）产地及分布

延边牛产于吉林省延边朝鲜族自治州，尤以延吉、珲春、和龙及汪清等地的牛著称。现在东北三省均有分布，属寒温带山区的役肉兼用型品种。

（二）外貌特征

延边牛毛色为深浅不一的黄色。被毛密而厚，皮厚有弹力。胸部宽深，体质结实，骨骼坚实。鼻镜呈浅褐色，带有黑点。公牛额宽、角粗大，母牛角细长。

（三）生产性能

成年公牛平均活重为465.5千克，成年母牛平均活重为365.2千克。公牛、母牛平均体高分别为130.6厘米和121.8厘米，体长分别为151.8厘米和141.2厘米。18月龄育肥公牛平均屠宰率为57.7%、净肉率为47.23%。母牛泌乳期为6~7个月，一般泌乳量为500~700千克；20~24月龄初配，母牛繁殖年限为10~13岁。

七、蒙古牛

（一）产地及分布

蒙古牛广泛分布于我国北方各地，以内蒙古中部和东部为集中产区。

（二）外貌特征

蒙古牛毛色多样，以黑色和黄色居多。头部粗重，角长，肉垂不发达，胸较宽深，背腰平直，后躯短窄，臀部倾斜。四肢短，蹄质坚实。

（三）生产性能

成年公牛平均体重为350~450千克，成年母牛平均体重为206~370千克，地区类型间差异明显；公牛、母牛平均体高分别为113.5~120.9厘米和108.5~112.8厘米。母牛泌乳力较好，产后100天内日均泌乳量为5千克，最高日泌乳量约为8.1千克，平均含脂率为5.22%。中等膘情的成年阉牛平均屠宰前重为376.9千克，屠宰率为53.0%，净肉率为44.6%，眼肌面积约为56.0厘米^2。繁殖率为50%~60%，犊牛成活率约为90%。4~8岁为繁殖旺盛期。

八、南阳牛

（一）产地及分布

南阳牛产于河南省南阳盆地白河和唐河流域的广大平原地

区，以南阳市、唐河县、邓州市、新野县、镇平县、社旗县及方城县等7个县（市）为主要产区。

（二）外貌特征

南阳牛体格高大，肌肉发达，结构紧凑，四肢强健。皮薄、毛细，行动迅速，性情温驯。鼻镜宽，多为肉红色，其中部分带有黑点。公牛颈侧多有皱褶，尖峰隆起多为8~9厘米。牛体毛色有黄色、红色和草白色，以深浅不一的黄色为最多。一般牛的面部、腹部、四肢下部的毛色较浅。蹄壳以蜡黄色、琥珀色带血筋者较多。角以萝卜角为主，公牛角基粗壮，母牛角细。鬐甲较高，肩部较突出，背腰平直，荐部较高。额微凹，颈短厚而多皱褶。部分牛的胸部欠宽深，体长不足，臀部较斜，乳房发育较差。

（三）生产性能

适应性强，耐粗饲。产肉性能良好，15月龄育肥牛，体重可达441.7千克，平均日增重为813克，屠宰率为55.6%，净肉率为46.6%，胴体产肉率为83.7%，肉骨比为5：1。肉质细嫩，颜色鲜红，大理石花纹明显，味道鲜美。母牛泌乳期为6~8个月，泌乳量为600~800千克。母牛常年发情，在中等饲养水平下，初情期在8~12月龄，初配年龄一般在2岁。发情周期为17~25天，平均为21天。妊娠期为250~308天，产后发情约需77天。

九、三河牛

（一）产地及分布

三河牛产于中国内蒙古呼伦贝尔草原的三河（根河、得尔布干河、哈乌尔河）地区，是我国培育的第一个乳肉兼用品种，含西门塔尔牛基因。

（二）外貌特征

三河牛毛色以黄白花片、红白花片为主，头为白色或有白斑，腹下、尾帚及四肢下部为白色毛。头清秀，角粗细适中、稍向上向前弯曲，体躯高大，骨骼粗壮，结构匀称，肌肉发达，性情温驯。

（三）生产性能

公牛平均活重为 1 050 千克，母牛平均活重为 547.9 千克；公牛、母牛平均体高分别为 156.8 厘米和 131.8 厘米。公牛平均初生重为 35.8 千克，母牛平均初生重为 31.2 千克。年泌乳量在 2 000千克左右，条件好时可达 3 000~4 000千克，乳脂率一般在 4%以上。产肉性能良好，未经育肥的阉牛屠宰率一般为 50%~55%，净肉率为 44%~48%，肉质良好，瘦肉率高。

十、辽育白牛

（一）产地及分布

辽育白牛是以夏洛莱牛为父本、以辽宁本地黄牛为母本级进杂交后获得的，抗逆性强，适应当地饲养条件，是经国家畜禽遗传资源委员会审定通过的肉牛新品种。

（二）外貌特征

辽育白牛全身被毛呈白色或草白色，鼻镜肉色，蹄角多为蜡色。体形大，体质强健，肌肉丰满，体躯呈长方形。头宽且稍短，额阔唇宽，耳中等偏大，大多有角，少数无角。颈粗短，母牛平直，公牛颈部隆起，无肩峰。母牛颈部和胸部多有肉垂，公牛肉垂发达。胸深宽，肋圆，背腰宽厚、平直，臀端宽齐，后腿部肌肉丰满。四肢粗壮，长短适中，蹄质结实，尾中等长度。母牛乳房发育良好。

（三）生产性能

成年公牛体重可达 910.5 千克，成年母牛体重可达 451.2

千克；公牛初生重可达 41.6 千克，母牛初生重可达 38.3 千克；12 月龄公牛体重可达 366.8 千克，12 月龄母牛体重可达 280.6 千克；24 月龄公牛体重可达 624.5 千克，24 月龄母牛体重可达 386.3 千克。6 月龄断奶后，持续育肥至 18 月龄，宰前重可达 561.8 千克，屠宰率和净肉率平均为 58.6%和 49.5%；持续育肥至 22 月龄，宰前重约为 664.8 千克，屠宰率和净肉率分别为 59.6%和 50.9%。短期育肥 6 个月，体重可达 556 千克。母牛初配年龄为 14~18 月龄，产后发情时间为 45~60 天；公牛适宜初采年龄为 16~18 月龄。

十一、新疆褐牛

(一) 产地及分布

新疆褐牛原产于新疆地区，由瑞士褐牛、阿拉塔乌牛与当地黄牛杂交育成。

(二) 外貌特征

新疆褐牛被毛为深浅不一的褐色，额顶、角基、口腔周围及背线为灰白色或黄白色。体躯健壮，肌肉丰满。头清秀，嘴宽。角中等大小，向侧前上方弯曲，呈半椭圆形。颈适中，胸较宽深，背腰平直。

(三) 生产性能

成年公牛平均体重为 950.8 千克，成年母牛平均体重为 430.7 千克。平均泌乳量为 2 100~3 500千克，泌乳量最高可达 5 162千克；平均乳脂率为 4.03%~4.08%，乳中干物质含量为 13.45%。产肉性能良好，在伊犁、塔城牧区天然草场放牧 9~11 个月屠宰测定，1.5 岁牛、2.5 岁牛和阉牛的平均屠宰率分别为 47.4%、50.5%和 53.1%，平均净肉率分别为 36.3%、38.4%和 39.3%。

十二、中国草原红牛

（一）产地及分布

中国草原红牛是由吉林、内蒙古、辽宁、河北联合育成的一个兼用型新品种，1985 年正式命名为“中国草原红牛”。

（二）外貌特征

中国草原红牛部分有角，角多伸向前外方，呈倒“八”字形，略向内弯曲。全身被毛为紫红色或红色，部分牛的腹下或乳房有白斑。鼻镜、眼圈为粉红色。体格中等大小。

（三）生产性能

成年公牛活重为 700~800 千克，成年母牛活重为 450~500 千克；公牛平均初生重为 37.3 千克，母牛平均初生重为 29.6 千克；成年公牛平均体高为 137.3 厘米，成年母牛平均体高为 124.2 厘米。18 月龄阉牛经放牧育肥，其屠宰率达 50.84%，净肉率为 40.95%。短期育肥牛的屠宰率和净肉率分别为 58.1%和 49.5%，肉质良好。繁殖性能良好，繁殖成活率为 68.5%~84.7%。

第三节　其他肉牛品种

一、水牛

水牛是热带和亚热带地区特有的物种，主要分布在亚洲地区，约占全球饲养量的 90%。具有乳、肉、役多种经济用途，适宜水田作业，以水稻秸秆为主要粗饲料，饲养方便，成本低。肉味香、鲜嫩，且脂肪含量少。未改良的水牛 3 年出栏，杂交后可 2 年出栏。

二、牦牛

牦牛是我国的主要牛种，数量仅次于黄牛和水牛，是青藏高原的主要品种。成年公牦牛体重为300～450千克，成年母牦牛体重为200～300千克。肉质细嫩，味美可口，营养价值高，符合高蛋白、低脂肪、低热量、无污染和保健强身的膳食标准。

三、奶牛

奶牛的公犊牛和淘汰的公牛、母牛可作为肉用牛，而且在牛肉生产中占有较高的比例。中国荷斯坦奶牛是引进的荷斯坦（黑白花）奶牛同中国黄牛进行杂交选育而成的优良品种，分为大、中、小型，其中大型为乳用型，中、小型为乳肉兼用型。未经育肥的母牛和去势公牛平均屠宰率可达50%，净肉率达40%以上。

第三章　肉牛的选种与杂交

第一节　肉牛的选种

在繁殖牛场，肉牛的选种是非常重要的环节，不仅关系到所饲养肉牛的生产性能，也关系到下一代肉牛的性能，还关系到整个牛场的生产水平。

肉牛选择的一般原则是优中选优、选优去劣。种公牛和种母牛的选择是从品质优良的个体中精选出最优个体，即“优中选优”。而对种母牛进行大面积的普查鉴定、评定等级，同时及时淘汰等，则是“选优去劣”的过程。

对种公牛的选择，首先是审查系谱，其次是审查公牛外貌表现及发育情况，最后还要根据种公牛的后裔测定成绩，以判定其遗传性是否稳定。对种母牛的选择则主要考虑其本身的生产性能或与生产性能相关的一些性状，还要参考其系谱、后裔及旁系的表现情况。

一、系谱选择

系谱记录资料是比较牛优劣的重要途径。对小牛的选择，要一并考察其父母、祖父母及外祖父母的性能，对提高选种的准确性有重要作用。选择时要注意以下方面。

一是重点考虑其父母的品质。首先父母品质的遗传对后代影

响最大；其次为祖父母，血缘关系越远，影响越小。系谱中母亲的生产力大大超过全群平均数，父亲经过后裔测定证明是优良的，这样选留的种牛可成为良种牛。

二是不可只重视父母的优良性状而忽视其他祖先的影响。后代有些个别性状受隔代遗传影响，会受祖父母的影响。

三是注意遗传的稳定性。如果各代祖先的性状比较整齐，且有直线上升趋势，则选留的种牛较可靠。

四是其他方面。对生产性能、外形等进行全面比较，同时注意有无近交和杂交、有无遗传缺陷等。

二、本身表现选择

当小牛长到 1 岁以上，就可以直接测量其某些经济性状，如 1 岁活重、肉牛育肥期增重效率等。而对于胴体性状，则只能借助如超声波测定仪等设备进行辅助测量，然后对不同个体作出比较。本身表现选择就是根据种牛个体本身和一种或若干种性状的表型值判断其种用价值，从而确定个体是否选留，该方法又称性能测定和成绩测验。具体做法：在环境一致并有准确记录的条件下，与所有牛群的其他个体进行比较，或与所在牛群的平均水平比较。有时也可以与鉴定标准比较。

选择肉用种公牛时，主要看其体形大小和全身结构是否匀称，外形和毛色是否符合品种要求，雄性特征是否明显，有无明显的外貌缺陷，如公牛母相、四肢不强壮、肢势不正、背线不平、颈线薄、胸狭腹垂及尖斜臀等。优质的种公牛生殖器官发育良好，睾丸大小正常且有弹性。凡是体形外貌有明显缺陷的，或生殖器官畸形、睾丸大小不一等均不适合种用。肉用种公牛的外貌评分不得低于一级，核心种公牛要求特级。除外貌外，还要测量种公牛的体尺和体重，按照品种标准分别评出等级。另外，还需要检查其精液质量。

三、后裔测定

后裔测定是根据后裔各方面的表现来评定种公牛好坏的一种鉴定方法，这是最为可靠的选择方法。具体方法：将选出的种公牛与一定数量的母牛配种，对犊牛表现加以测定，从而评价种公牛品质的优劣。

第二节　肉牛的杂交

不同种群（品种或品系）个体杂交的后代往往在生活力、长势和生产性能方面在一定程度上优于其亲本纯繁群平均值，这种现象称为杂种优势。杂交可以改变肉牛遗传结构，迅速提高低产牛群的生产性能及生活力，改善后代体型结构，提高后代生长速度，提高出肉率，增加经济效益。采用不同的杂交方法主要取决于杂交优势的利用率与管理的可行性与复杂性。肉牛生产中常见的杂交改良方式有以下 4 种。

一、二元杂交

二元杂交是指利用两个不同品种（品系）的公牛、母牛进行固定不变的杂交，利用一代杂种的杂种优势生产商品牛。这种杂交方法的优点是简单易行、杂种优势率最高，缺点是不能充分利用繁殖性能方面的杂种优势。通常以地方品种或培育品种为母本，只需引进一个外来品种做父本，数量不用太多，即可进行杂交。

二、三元杂交

三元杂交是从二元杂交得到的杂种一代母牛中选留优良的个

体，再与另一品种的公牛进行杂交，所生后代全部作为商品肉牛育肥。第一次杂交所用的公牛品种称为第一父本，第二次杂交利用的公牛称为第二父本或终端父本。由于这种杂交方式的母牛是一代杂种，具有一定的杂种优势，再杂交可望得到更高的杂种优势，所以三元杂交的总杂种优势要超过二元杂交。

三、引入杂交

在保留地方品种主要优良特性的同时，针对地方品种的某种缺陷或待提高的生产性能，引入相应的外来优良品种，与当地品种杂交1次，杂交后代公牛、母牛分别与本地品种母牛、公牛进行回交。

引入杂交的适用范围：一是在保留本地品种全部优良品种的基础上，改正某些缺点；二是需要加强或改善某个品种的生产性能，而不需要改变其生产方向。

引入杂交的注意事项如下。

（1）慎重选择引入品种。引入品种应具有针对本地品种缺点的显著优点，且生产方向基本与本地品种相似。

（2）严格选择引入品种，引入外血比例控制在1/8～1/4，最好经过后裔测定。

（3）加强原来品种的选育，杂交只是提高措施之一，本品种选育才是主体。

四、级进杂交

级进杂交又称吸收杂交或改造杂交。这种杂交方法是以引入品种为主、原有品种为辅的一种改良性杂交。当原有品种需要进行较大改造或生产方向根本改变时使用，是以性能优良品种改造性能较差品种的常用方法。具体方法是以优良品种公牛与低产品种母牛交配，所产杂种一代母牛再与该优良品种公牛交配，产下的杂种二代母牛继续与该优良品种公牛交配。杂种后代公牛不参加育种，母牛反复与引入品种杂交，使引入品种基因成分不断增加，原有品种基因成分逐渐减少。按此法继续下去可以得到杂种三代以上的后代。当某代杂交牛表现最为理想时，便从该代起终止杂交，此后进行横交固定，最终育成新品种。级进杂交是提高本地牛品种生产性能的一种最普遍、最有效的方法。当某一品种牛的生产性能不符合人们的生产、生活要求，需要彻底改变其生产性能时，可采用级进杂交，如把役用牛改造成为乳用牛或肉用牛等。

级进杂交的注意事项如下。

（1）改良品种要求生产性能高、适应性强、遗传性稳定，毛色等质量性状尽量和被改良品种一致，以减少以后选种的麻烦。

（2）引入品种的选择，除了考虑生产性能高、能满足畜牧业发展需要外，还要特别注意其对当地气候、饲养管理条件的适应性。因为随着级进代数的提高，引入品种的基因成分不断增加，适应性问题会越来越突出。

（3）级进到几代好，没有固定模式。总的来说，要改正代数越高越好的想法，事实上，只要体形外貌、生产性能基本接近用于改造的品种就可以固定了。原有品种的基因成分应占一定比例，这可有效保留原有品种适应性、抗病力、耐粗饲等优点。一般杂交到3~4代，即含外血75.0%~87.5%为好。

（4）级进杂交中，随着杂交代数增加，生产性能不断提高，要求饲养管理水平也要相应提高。

第四章　肉牛的繁殖

第一节　发情鉴定

一、初次发情与初次配种

(一) 初次发情与性成熟

初情期是指母牛初次发情或排卵的年龄。一般来说初次发情的早晚主要取决于体重，月龄的大小并不是决定的因素，营养状态好的牛性成熟也早。肉牛的初情期平均为10月龄，此时虽然有发情表现，但生殖器官仍在继续生长发育，虽有配种受胎能力，但由于身体的发育尚未成熟，因此不适宜配种，否则会影响到母牛的生长发育、使用年限以及胎儿的生长发育。初情期因品种、饲养条件及气候等条件不同而不同，营养过量的牛7~8个月龄就会有发情表现，这种牛过于肥胖，并不适宜配种。初次发情的月龄以10~12月龄为宜，如果超过12月龄，则说明肉牛发育缓慢，应引起注意。

(二) 初次配种

母牛在卵巢完全成熟、周期性排卵之前，会有2~3次不规则发情，在这之后才开始正常的周期性排卵。必须在牛的身体发育到体成熟以后才能配种，不能过早，但也不宜过迟。如果配种过早，妊娠后期胎儿的发育将消耗大量养分，在生长发育过程中

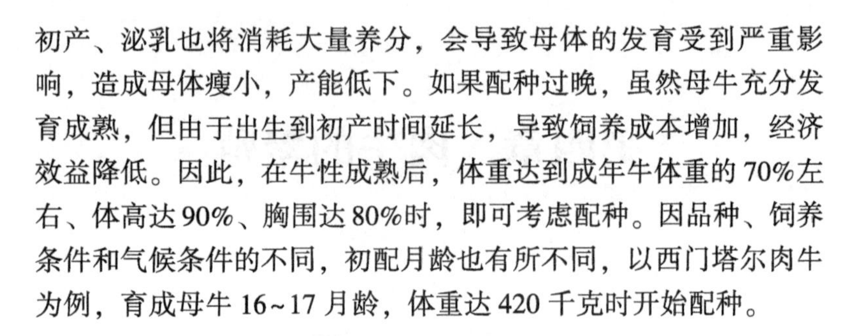

初产、泌乳也将消耗大量养分，会导致母体的发育受到严重影响，造成母体瘦小，产能低下。如果配种过晚，虽然母牛充分发育成熟，但由于出生到初产时间延长，导致饲养成本增加，经济效益降低。因此，在牛性成熟后，体重达到成年牛体重的70%左右、体高达90%、胸围达80%时，即可考虑配种。因品种、饲养条件和气候条件的不同，初配月龄也有所不同，以西门塔尔肉牛为例，育成母牛16~17月龄，体重达420千克时开始配种。

二、发情周期与发情鉴定

（一）发情周期

发情周期指上一次发情开始到下一次发情开始的间隔时间。适宜配种的时间一般为发情后12~20小时内，一般配2次，每间隔6~8小时再配1次。

（二）发情鉴定

发情是育龄空怀母牛的生殖生理现象。发情鉴定是人们根据发情表现正确掌握适时输精的方法。完整的发情应具备以下4个方面的生理变化：卵巢黄体功能已退化，卵泡已经成熟，继而排卵；外阴和生殖道变化，表现为阴唇充血肿胀，有黏液流出，俗称“挂线”或“吊线”，阴道黏膜潮红、滑润，子宫颈口勃起、开张、红润；精神状态变化，食欲减退，兴奋或游走，正在泌乳的牛则产奶量下降；出现性欲，接近公牛或爬跨其他母牛，有别的母牛对它爬跨时站立不动，有公牛爬跨时则有接纳姿势。母牛发情鉴定有外部观察、试情、阴道检查和直肠检查4种，可以根据单项，也可以根据多项进行综合的判断。在规模牧场，母牛均佩戴颈环或脚环，记录行走及反刍次数等相关数据，最终上传至终端软件系统，繁育员一般依据这些数据的变化来判断母牛是否发情。

第二节　繁殖技术

一、人工授精

人工授精是用人工方法将公牛精液稀释后按一定剂量给母牛授精的方法。这种方法的优点是：可以扩大种牛的配种数，一头公牛在人工授精情况下一年可以配上万头母牛；在掌握母牛发情状况时，提高母牛受胎率；在改良本地小体形牛时，可克服外种公牛大体形不便交配的困难；节省饲养种公牛的费用。

（一）适时输精

一般情况下，母牛发情期只有 1～2 天，如发现上午发情，则下午配种；下午发情，则第二天早晨配种。老龄、体弱和夏季发情的母牛发情持续期相对缩短，配种时间要适当提前。也可用直肠检查法，掌握母牛卵泡发育情况，在卵泡成熟时输精受胎率最高。成年母牛产后应有 60 天的休整期，配种前要对母牛进行产科检查，对患有生殖疾病的牛不予配种，应及时治疗。

（二）人工授精操作

输精前应进行精液品质检查，符合《牛冷冻精液》（GB 4143—2022）所列质量标准方可输精。细管冻精用（38±2）℃的温水直接解冻。解冻后的精液应在 15 分钟内输精，要防止对精子的第二次冷打击。细管精液解冻后保存时间不超过 1 小时。输精的适宜时机在发情中、后期。一个发情期输精 1～2 次，每次用 1 个剂量精液。两次输精的时间间隔为 8～12 小时。输精时采用直肠把握法，要迫使母牛腰部下凹，将手伸入直肠，摸到并握住子宫颈时，将输精器引入阴门，输精器要适深、慢入、轻拉、缓出，采取深部输精法时，将输精管通过子宫颈，在到达子宫角基部时注射，防止精液倒流或吸回输精枪内。配种全过程要保证无污染操作。

二、自然交配

对于偏远山区或者放牧地区，在繁殖上一般采取自然交配方式。将一头或几头公牛放在母牛群里，在此期间公牛与母牛自由配种，以1头公牛配25~30头母牛的比例较为合适。自然交配的优点是节约了劳动力和人工成本，不易漏配；但缺点是公牛利用效率低，公牛过度使用缩短其繁殖寿命，容易传播疾病；两头以上公牛在母牛群里时很难判断犊牛的血缘关系。因此，采取自然交配繁殖时，公牛一般使用2年就应淘汰，以避免近亲繁殖。

三、其他繁育技术

（一）同期发情

同期发情又称同步发情，它是利用某些激素制剂人为地控制并调整一群母牛发情周期的进程，使之在预定时间内集中发情，以便有计划、合理地组织配种。同期发情可以在某一时间内集中人工授精，不必进行烦琐的发情检查工作，能节约时间和劳力，降低费用，提高工效。同群母牛同期发情处理，使母牛妊娠分娩和犊牛培育的时间相对集中，便于商品肉牛的成批生产，能更加合理和有效地组织生产，提高劳动生产效率。在胚胎移植过程中，也需使用同期发情技术。同期发情技术的关键就是利用激素制剂有效地控制黄体的寿命，并终止黄体期，促使母牛的发情集中到同一时期，达到同期的目的。常用的激素制剂有孕激素、中草药、三合激素等。

（二）胚胎移植

胚胎移植就是将良种母牛的早期胚胎取出，移植到生殖生理

状态相同的母牛体内，使胚胎在其体内继续发育到胎儿出生。提供胚胎的个体称为供体，接受胚胎的个体称为受体。胚胎移植实际上是生产胚胎的供体、养育胚胎的受体分工合作共同繁殖后代的过程。

胚胎移植主要用于扩大良种牛群、诱导肉牛双胎、代替活牛运输、保存品种资源等。

第三节　妊娠与分娩

一、妊娠诊断

为了尽早地判断母牛的妊娠情况，应做好妊娠诊断工作，以做到防止母牛空怀、未孕牛及时配种和加强对受孕母牛的饲养管理。妊娠诊断的方法主要包括以下 4 种。

（一）外部观察法

母牛配种后，到下一个发情期不再发情，且食欲和饮水量增加，上膘快，被毛逐渐光亮、润泽，性情变得安静、温顺，行动迟缓，常躲避追逐和角斗，放牧或驱赶运动时，常落在牛群后面。怀孕 5~6 个月时，腹围增大，一侧腹壁突出；8 个月时，右侧腹壁可触摸到或看到胎动，乳房胀大。外部观察法在妊娠中、后期观察比较准确，但不能在早期作出确切诊断。

（二）直肠检查法

直肠检查法是用手隔着直肠壁通过触摸检查卵巢、子宫以及胎儿和胎膜的变化来判断母牛是否妊娠以及妊娠期的长短。配种 18 天后，通过触摸卵巢黄体，经验丰富的配种员可对妊娠母牛进行初步筛查，但配种后 30 天开始检测较为准确可靠。

母牛妊娠 1 个月，两侧的子宫角不对称，角间沟清楚。孕角较空角稍变粗、柔软，有液体波动感，弯曲度变小。孕侧卵巢较大，有黄体突出于表面。子宫中动脉如麦秆粗。

母牛妊娠 2 个月，孕角比空角粗约 2 倍。角间沟平坦。孕角薄软，波动明显。孕侧卵巢较大，有黄体，黄体质柔软、丰满，顶端能触感突起物。孕侧子宫中动脉增粗 1 倍。

母牛妊娠 3 个月，孕角大如婴儿头，波动感明显，空角比平时增粗 1 倍，子宫开始沉入腹腔，角间沟已摸不清楚。孕侧子宫中动脉增粗 2~3 倍，有时可摸到特异搏动。

母牛妊娠 4 个月，子宫和胎儿已全部进入腹腔，子宫颈变得较长且粗，抚摸子宫壁时能清楚地摸到许多硬实、滑动、通常呈椭圆形的子叶，孕角侧子宫动脉有较明显特异搏动。

直肠检查法是早期妊娠诊断最常用、最可靠的方法，根据母牛怀孕后生殖器的变化，即可判断母牛是否妊娠，以及妊娠期的长短。用此法检查时，应把怀孕子宫与子宫疾病、充满尿液的膀胱区分开。由于此法检查动作对早期胚胎具有非常高的侵害性，与胚胎死亡之间有一定相关性，需要检查者检查动作轻缓，能熟练操作。

（三）超声波诊断

超声波诊断主要是用 B 型超声（B 超）检查母牛的子宫及胎儿、胎动、胎心搏动等。同时，B 超还有识别双胞胎并确定胎儿生存能力、年龄和性别的功能。

B 超是把回声信号以光点明暗的形式显示出来：回声强，光点亮；回声弱，光点暗。光点构成图像的明暗规律，反映了子宫内胎儿组织各界面的反射强弱及声能衰减规律。当超声仪发射的超声波在母体内传播并穿透子宫、胚泡或胚囊、胎儿时，仪器屏幕会显示各层次的切面图像，以此判断奶牛是否妊娠。使用 B 超检查需要直肠检查法的操作基础。

与传统的直肠检查法相比，B 超早期妊娠诊断法快捷、简便、准确率高，对早期妊娠诊断以实时图像显示，具有直观性，对子宫及其胎儿的应激小且无损伤，是目前使用较为广泛的妊娠检测仪器。但配种后 21 天左右，由于胎儿发育还不足以使 B 超捕捉到可信度高的信号强度，所以应在配种后 25 天后使用 B 超检测。

（四）7%碘酒法

母牛受精后 30 天，取 10 毫升母牛新鲜尿液于试管中，滴入 2 毫升 7%碘酒，充分混合 5～6 分钟，在亮处观察试管中溶液的颜色，若呈现暗紫色则为妊娠，若不变色或稍带碘酒色则为未妊娠。

此方法的缺点是牛尿液取样不方便，试验现象需要靠肉眼观察，妊娠诊断准确率较低。

二、母牛分娩

分娩是指妊娠期满，母牛把成熟的胎儿胎衣及胎水排出体外的这个生理过程。

（一）孕牛预产期的推算

肉牛妊娠期一般为 280 天左右，误差 5～7 天为正常。肉牛生产上常按配种年份加 1，配种月份数减 3，配种日期加 6 来推算预产期。若配种月份数小于 3，则将配种年份加 0，配种月份加 9，配种日期加 6 即可。

例一：配种日期为 2009 年 5 月 10 号，预产年份为 2009+1=2010；预产月份为 5－3＝2；预产期为 10+6＝16，则该牛的预产期为 2010 年 2 月 16 日。

例二：配种日期为 2009 年 2 月 28 号，预产年份为 2009+0＝2009；预产月份为 2+9＝11；预产日期为 28+6＝34，超过 30 天，应减去30，余数为4，预产月份应加1。则该牛的预产期为2009年12月4日。

（二）分娩预兆

分娩前约半个月，乳房迅速发育膨大，腺体充实，乳头膨胀，分娩前1周乳头极度膨胀，个别牛在临产前数小时至1天左右，有初乳滴出。阴唇从分娩前约1周开始逐渐柔软、肿胀、增大，阴唇皮肤上的皱褶展平，皮肤稍变红；阴道黏膜潮红，黏液由浓厚黏稠变为稀薄滑润。子宫颈在分娩前1~2天开始肿大、松软，黏液栓软化，流入阴道而排出阴门之外，呈半透明胶状；骨盆韧带从分娩前1~2周即开始软化，至产前12~36天，尾根两旁只能摸到松软组织，且荐骨两旁组织塌陷。母牛临产前活动困难，精神不安，时起时卧，尾高举，头向腹部回顾，频频排尿，食欲减少或停止。

（三）分娩过程

1. 开口期

指从子宫开始阵缩到子宫颈口充分开张为止，一般需2~8小时（范围为0.5~24小时）。特征是只有阵缩而不出现努责。初产牛表现不安，时起时卧，徘徊运动，尾根抬起，常作排尿姿势，食欲减退；经产牛一般比较安静，有时看不出明显表现。

2. 胎儿产出期

指从子宫颈充分开张至产出胎儿为止，一般持续3~4小时（范围为0.5~6.0小时）。初产牛一般持续时间较长。特征是阵缩和努责同时作用。进入该期，母牛通常侧卧，四肢伸直，强烈努责，羊膜、绒毛膜形成囊状突出阴门外，该囊破裂后，排出淡白或微黄色的浓稠羊水。胎儿产出后，尿囊才开始破裂，流出黄褐色尿水。牛场的相关人员要及早做好接产、助产准备。

3. 胎衣排出期

此期特点是当胎儿产出后，母牛即安静下来，经子宫阵缩

（有时还配合轻度努责）而使胎衣排出。从胎儿产出后到胎衣完全排出为止，一般需4~6小时（范围0.5~12.0小时）。若超过12小时，胎衣仍未排出，即为胎衣不下，需及时采取处理措施。

（四）接产

接产目的在于对母牛和胎儿进行观察，并在必要时加以帮助，保证母仔安全。

1. 接产前的准备

（1）产房。产房应当清洁、干燥，光线充足，通风良好，无贼风，墙壁及地面应便于消毒。

（2）器械和药品的准备。在产房里，接产用药物（70%酒精、2%~5%碘酊、2%来苏尔、0.1%高锰酸钾溶液和催产药物等）应准备齐全。产房里最好还备有一套常用的已经消毒的手术助产器械（剪刀、纱布、绷带、细布、麻绳和产科用具），以备急用。另外，还应准备毛巾、肥皂和温水。

（3）接产人员。接产人员应当受过接产训练，熟悉牛的分娩规律，严格遵守接产的操作规程及值班制度。分娩期尤其要固定专人，并加强夜间值班制度。

2. 接产

为保证胎儿顺利产出及母仔安全，接产工作应在严格消毒的原则下进行。其步骤如下。

（1）清洗母牛的外阴部及其周围，并用消毒液（如1%来苏尔）擦洗。用绷带缠好尾根，拉向一侧系于颈部。在产出期开始时，接产人员穿好工作服及胶围裙、胶鞋，并消毒手臂。

（2）当胎膜露出至胎水排出前时，接产人员可将手臂伸入产道，进行临产检查，以确定胎向、胎位及胎势是否正常，以便对胎儿的反常做出早期纠正，避免难产的发生。如果胎儿正常，正生时，应三件（唇及二前蹄）俱全，可等候其自然排出。除检查胎儿外，还可检查母牛骨盆有无变形，阴门、阴道及子宫颈的松软扩张程度，以判断有无因产道异常而发生难产的可能。

（3）当胎儿唇部或头部露出阴门外时，如果上面覆盖有羊膜，可把它撕破，并把胎儿鼻孔内的黏液擦净，以利呼吸。但也不要过早撕破，以免胎水过早流失。

（4）注意观察努责及产出过程是否正常。如果母牛努责，阵缩无力，或其他原因（产道狭窄、胎儿过大等）造成产仔滞缓，应迅速拉出胎儿，以免胎儿因氧气供应受阻，反射性吸入羊水，引起异物性肺炎或窒息。在拉胎儿时，可用产科绳缚住胎儿两前肢球节或两后肢系部（倒生）交于助手拉住，同时用手握住胎儿下颌（正生），随着母牛的努责，左右交替用力，顺着骨盆轴的方向慢慢拉出胎儿。在胎儿头部通过阴门时，要注意用手捂住阴唇，以防阴门上角或会阴撑破。在胎儿骨盆部通过阴门后，要放慢拉出速度，防止子宫脱出。

（5）胎儿产出后，应立即将其口鼻内的羊水擦干，并观察呼吸是否正常。身体上的羊水可让母牛舔干，这样一方面母牛可因吃入羊水（内含催产素）而使子宫收缩加强，利于胎衣排出；另一方面还可增近母仔感情。

（6）胎儿产出后，如脐带还未断，应将脐带内的血液挤入犊牛体内，这对增进犊牛的健康有一定好处。断脐时，脐带断端不宜留得太长。断脐后，可将脐带断端在碘酒内浸泡片刻或在其外面涂以碘酒，并将少量碘酒倒入羊膜鞘内。如脐带有持续出血，需结扎。

（7）犊牛产出后不久即试图站立，但最初一般是站不起来的，应加以扶助，以防摔伤。

（8）对母牛和新生犊牛注射破伤风抗毒素，以防感染破伤风。

（五）难产的助产和预防

在难产的情况下助产时，必须遵守一定的操作原则，即助产时除挽救母牛和胎儿外，要注意保持母牛的繁殖力，防止产道的损伤和感染。为便于矫正和拉出胎儿，特别是当产道干燥时，应向产道内灌注大量滑润剂。为了便于纠正胎儿异常姿势，应尽量将胎儿推回子宫内，否则产道空间有限不易操作，要力求在母牛阵缩间歇期将胎儿推回子宫内。拉出胎儿时，应随母牛努责而用力。

第五章　肉牛的营养与饲料

第一节　肉牛的营养需要

肉牛为了维持生命、保证健康、满足生长和生产的需要，除了需要阳光与空气外，还必须摄取饲料。而饲料中含有七大类营养物质，包括糖类、脂肪、蛋白质、矿物质、微量元素、维生素和水，这些物质与呼吸进入动物体内的氧气一起，经过新陈代谢、消化吸收过程，转化为肉牛机体的组成成分及维持生命活动的能量。它们是动物生命活动的物质基础，这些物质通常被称为营养物质或营养素。

一、水

水本身虽不含营养要素，但它是生命和一切生理活动的基础。据测定，牛体含水量占体重的55%~65%，牛肉含水量约64%，牛奶含水量为86%。此外，各种营养物质在牛体内的溶解、吸收、运输，代谢过程所产生的废物排泄，体温的调节等均需要水。所以水是生命活动不可或缺的物质。缺水可引起代谢紊乱、消化吸收发生障碍、蛋白质和非蛋白质含氮物的代谢产物排泄困难、血液循环受阻、体温上升，结果导致发病，甚至死亡。水对幼牛和产奶母牛更为重要，产奶母牛因缺水而引起的疾病要比缺乏其他任何营养物质来得快且严重。因此，水应作为一种营

养物质，加以供给。

牛需要的水来自饮水、饲料中的水及代谢水（即新陈代谢过程中氧化含氢的有机物所产生的水），但主要靠饮水。据研究，牛的代谢水只能满足需要量的5%～10%。牛需要的水量因牛的个体、年龄、饲料性质、生产性能、气候等不同而不同。一般来说，牛每日的需水量：母牛38～110升，役牛和肉牛26～66升，母牛每产1升奶需3升水，每采食1千克干物质需3～4升水。乳牛应全日有水供应，役牛、肉牛每天上午、下午喂水2次，夏天宜增加饮水次数。

二、能量

不论是维持生命活动还是生长、繁殖等均需要能量。牛需要的能量来自饲料中的糖类、脂肪和蛋白质，但主要是糖类。糖类包括粗纤维和无氮浸出物，在瘤胃中的微生物作用下分解产生挥发性脂肪酸（主要是乙酸、丙酸、丁酸）、二氧化碳、甲烷等，挥发性脂肪酸被胃壁吸收，成为牛能量的重要来源。

牛的能量指标以净能表示，母牛用产奶净能，肉牛用增重净能。牛之所以用净能表示能量指标，是因为牛的饲料种类很多，各类饲料能量的消化率差别很大，而且从消化能转化为净能的能量损耗差异也很大。而用净能表示则能较客观地反映各种饲料之间能量价值的差异。

不同种类、年龄、性别、体重、生产目的、生产水平的牛所需的能量不同。为了便于计算，一般把牛的能量需要分成维持和生产两部分。维持能量需要，是指牛在不劳役、不增重、不产奶，仅维持正常生理机能必要活动所需的能量。由于维持所需的能量是不用于生产产品的，所以，它占总能量的比重越小，效率越高。

役用牛体重按 300~400 千克计，每头每日维持需要净能 17.97~20.48 兆焦，从事劳役，则按劳役强度的不同，适当增加。一般轻役每头日需净能 24.83~33.11 兆焦，中役每头日需 29.05~38.75 兆焦，重役每头日需 32.98~49.97 兆焦。成年奶牛体重 450~550 千克，每头每日维持需要净能 11.07~40.38 兆焦，每产 1 升含脂率 3%的奶，需增加产奶净能约 2.72 兆焦，每产 1 升含脂率 4%的奶，需要产奶净能约 3.17 兆焦。

肉牛体重不同，维持需要的净能也不同。100 千克体重，每头日需净能 10.16 兆焦，150 千克体重每头日需 13.8 兆焦，200 千克体重每头日需 17.14 兆焦，250 千克体重每头日需 20.23 兆焦，300 千克体重每头日需 23.2 兆焦，350 千克体重每头日需 26.08 兆焦，400 千克体重每头日需 28.76 兆焦，450 千克体重每头日需 31.43 兆焦，500 千克体重每头日需 34.03 兆焦。日增重不同，所需净能也不同。肉牛增重所需要的净能，青年母牛高于青年公牛，年龄大的牛高于年龄小的牛。

三、蛋白质

蛋白质包括纯蛋白质和氮化物。蛋白质是构成牛皮、牛毛、肌肉、骨骼、蹄、角、内脏器官、血液、神经、酶、激素等的重要物质。因此，不论幼牛、青年牛、成年牛均需要一定量蛋白质。蛋白质不足会使牛消瘦、衰弱甚至死亡；蛋白质过多则造成浪费，且有损于牛的健康。故蛋白质的供给量既不能太少，也不宜过多，应该根据其需要喂给必要的量。成年役用牛在不劳役的情况下，一般每头每日维持需要可消化蛋白质 185~220 克，从事劳役则按工作强度不同而增加。体重 500 千克的奶牛维持生命活动需要可消化蛋白质约 317 克，每产 1 升含脂率 4%的牛奶需要可消化蛋白质约 55 克。体重 200 千克的生长肉牛维持生命活

动需要可消化蛋白质约 170 克，如果日增重 0.5 千克，则需可消化蛋白质约 350 克。

蛋白质是由各种氨基酸组成的，由于构成蛋白质的氨基酸种类、数量与比例不一样，蛋白质的营养价值也就不相同。牛对蛋白质的需要实质就是对各种氨基酸的需要。氨基酸有 20 多种，其中有些氨基酸是在体内不能合成或合成速度和数量不能满足牛体正常生长需要，必须从饲料中供给。这些氨基酸称为必需氨基酸，如蛋氨酸、色氨酸、赖氨酸、精氨酸、胱氨酸、甘氨酸、酪氨酸、组氨酸、亮氨酸、异亮氨酸、缬氨酸、苯丙氨酸、苏氨酸等。含有全部必需氨基酸的蛋白质营养价值最高，称为全价蛋白质。只含有部分必需氨基酸的蛋白质营养价值较低，称为非全价蛋白质。一般来说，动物性蛋白质优于植物性蛋白质。植物性蛋白质中豆科饲料和油饼类的蛋白质营养价值高于谷物类饲料。因此，在喂牛时用多种饲料搭配比喂单一饲料好，因为多种饲料可使各种氨基酸起互补作用，提高其营养价值。

四、矿物质

矿物质是机体组织和细胞不可缺少的成分。除形成骨骼外，可维持体液酸碱平衡，调节渗透压和参与酶、激素和某些维生素的合成等。主要矿物质有钠、氯、钙、磷等，称为常量元素。

钠和氯是保持机体渗透压和酸碱平衡的重要元素，对机体组织中水分的输出和输入起重要作用。补充钠和氯一般用食盐，食盐对动物有调味和营养两重功能。植物性饲料含钠、氯较少，含钾多，以植物性饲料为主喂牛存在钠和氯不足，应经常供应食盐，尤其是喂秸秆类饲料时更为必要。食盐的喂量一般按饲料日粮干物质的 0.5%~1.0%或按混合精饲料的 2%~3%供给。

钙和磷是体内含量最多的矿物质，是构成骨骼和牙齿的重要成分。钙也是细胞和组织液的重要成分。磷存在于血清蛋白、核酸及磷脂中。钙不足会使牛发生软骨病、佝偻病，骨质疏松易断。磷缺乏则出现异食癖，如爱啃骨头或其他异物，同时也会导致繁殖力和生长量下降、生产不正常、增重缓慢等。

骨中的钙和磷化合物主要是三钙磷酸盐，其中钙和磷的比例为3∶2，所以一般认为日粮中钙和磷的比例以（1.5~2.0）∶1为宜，这有利于两者的吸收利用。

五、维生素

维生素是维持生命和健康的营养要素，它对牛的健康、生长和繁殖都有重要作用。饲料中缺乏维生素会引起代谢紊乱，严重者则导致死亡。由于牛瘤胃内的微生物能合成B族维生素和维生素K，维生素C可在体组织内合成，维生素D可通过摄取经日光照射的青干草，或在室外晒太阳而获得。因此，对牛来说，主要是补充维生素A。

维生素A能促进机体细胞的增殖和生长，保护呼吸系统，维持消化系统和生殖系统上皮组织结构的完整和健康，维持正常的视力。同时，维生素A还参与性激素的形成，对提高繁殖力有着重要作用。缺乏维生素A会妨碍幼牛的生长，出现夜盲症，公牛的生殖力下降，母牛不孕或流产。

青绿饲料含有丰富的胡萝卜素，绿色越浓胡萝卜素含量越多。豆科植物的胡萝卜素含量比禾本科的高，幼嫩茎叶比老茎叶高，叶部比茎部高。牛从饲料中摄取胡萝卜素后可在小肠和肝脏内经胡萝卜素酶的作用，转化为维生素A。因此只要有足够的青绿饲料供给牛就可使牛获取足够的维生素A。冬、春季节只用水稻秸秆喂牛，往往缺乏维生素A，此时应补喂青绿饲料。

第二节 肉牛的常用饲料

肉牛的饲料种类很多，但任何一种饲料都存在营养上的特殊性和局限性，要饲养好肉牛必须多种饲料科学搭配。合理利用各种饲料，就要了解饲料的科学分类，熟悉各类饲料的营养价值和利用特性。

通常，牛的饲料分为粗饲料、青绿饲料、青贮饲料、能量饲料、蛋白质饲料、矿物质饲料和饲料添加剂七大类。

一、粗饲料

粗饲料是指天然水分含量在45%以下、干物质中粗纤维含量大于或等于18%的一类饲料。粗饲料应是牛日粮的主体，精饲料主要用来补充能量和蛋白质，科学合理地选用粗饲料可提高肉牛的养殖效益。该类饲料包括干草、秸秆、秕壳和藤蔓类饲料、其他非常规粗饲料。

（一）干草

干草是指青草（或青绿饲料作物）在未结籽实前刈割，然后经自然晒干或人工干燥调制而成的饲料产品。主要包括豆科干草、禾本科干草和野杂干草等。目前在规模化肉牛场生产中大量使用的干草除野杂干草外，主要是北方生产的羊草和苜蓿，前者属于禾本科，后者属于豆科。

1. 栽培牧草干草

在我国农区和牧区，人工栽培牧草已达四五百万公顷。各地因气候、土壤等自然环境条件不同，主要栽培牧草有近50个种或品种。三北地区主要栽培苜蓿、草木樨、沙打旺、红豆草、羊草、老芒麦、披碱草等，长江流域主要栽培白三叶、黑麦草，华南地区主要栽培柱花草、山蚂蟥、大翼豆等。用这些栽培牧草所调制的干草，质量好、产量高、适口性强，是畜禽常年必需的主要饲料组分。

栽培牧草调制而成的干草，其营养价值主要取决于原料饲草的种类、刈割时间和调制方法等因素。一般而言，豆科干草的营养价值优于禾本科干草，前者含有较丰富的蛋白质和钙。人工干燥的优质青干草，特别是豆科青干草的营养价值很高，与精饲料相近，其中可消化粗蛋白质含量可达 13%以上，消化能可达 12.6 兆焦/千克。阳光下晒制的干草中含有丰富的维生素 D_2，是动物获取维生素 D 的重要来源，其他维生素因日晒而遭受较大的破坏。此外，干燥方法不同，干草营养价值的损失量差异也很大，如地面自然晒干的干草，营养物质损失较多，其中蛋白质损失高达 37%；而人工干燥的优质干草，其维生素和蛋白质的损失则较少，蛋白质的损失仅为 10%左右，且含有较丰富的 β-胡萝卜素。

2. 野干草

野干草是在天然草地或路边、荒地采集并调制成的干草。由于原料草所处的生态环境、植被类型、牧草种类、收割与调制方法等不同，野干草质量差异很大。野干草是广大牧区牧民们冬春必备的饲草，尤其是在北方地区。一般而言，野干草的质量比栽培牧草干草要差。东北及内蒙古东部生产的羊草，如在 8 月上中旬收割，干燥过程不被雨淋，其质量较好，粗蛋白质含量达 6%~8%。南方地区农户收集的野（杂）干草，常含有较多泥沙等，其营养价值与秸秆相似。

(二) 秸秆

秸秆是指农作物在籽实成熟并收获后的残余副产品。秸秆除了作肥料，也可以作饲料，秸秆作饲料可以促进物质转化和良性

循环。动物将人类不能利用的有机物转化成蛋白质、脂肪等，可以增加物质循环，改善人类食物结构，节约粮食。但秸秆一般营养成分含量较低，质地坚硬粗糙，适口性较差，可消化性低。因此，秸秆不宜单独饲喂，而应与优质干草配合饲用，或经过合理的加工调制，提高其适口性和营养价值。秸秆主要包括玉米秸秆、小麦秸秆、水稻秸秆、大豆秸秆等。

1. 玉米秸秆

玉米是我国的主要粮食作物，平均每年种植面积约 5 972公顷。玉米秸秆作为玉米生产的副产品，其产量约 22 400万吨。产量高、资源丰富的玉米秸秆，是饲草加工发展的首选品种。作为一种饲料资源，玉米秸秆含有丰富的营养和可利用化学成分。长期以来，玉米秸秆是牲畜的主要粗饲料的原料之一。

有关试验结果表明，玉米秸秆含有 30%以上碳水化合物、2%~4%蛋白质、0. 5%~1. 0%脂肪、37. 7%粗纤维、48. 0%无氮浸出物、9. 5%粗灰分，既可青贮，也可直接饲喂。就草食动物而言，2 千克玉米秸秆增重净能相当于 1 千克玉米籽粒增重净能，特别是经青贮、黄贮、氨化及糖化等处理后，可提高利用率，效益将更可观。据研究分析，玉米秸秆中所含的消化能为 235. 8 兆焦/千克，且营养丰富，总能量与栽培牧草相当。对玉米秸秆进行精细加工处理，制作成高营养牲畜饲料，不仅有利于发展畜牧业，而且通过秸秆过腹还田能获得良好的生态效益和经济效益。

采用机械工程、生物和化学等技术手段，完成玉米秸秆的收获、饲料加工、储藏、运输、饲喂等过程。近年来，随着我国畜牧业的快速发展，秸秆饲料加工新技术也层出不穷，物理、化学、生物等多种加工技术得到推广应用，从而实现集中规模化玉米秸秆加工，开拓饲料利用新途径。

2. 小麦秸秆

小麦秸秆是一种重要的农业资源，主要含纤维、木质素、淀粉、粗蛋白质、酶等有机物，还含有氮、磷、钾等营养元素。

小麦秸秆可以直接用作草食动物的饲料，但适口性较差、消化率不高。可用浸泡法、氨化法、碱化法、发酵法对小麦秸秆进行调制，不仅使小麦秸秆得到合理利用，实现过腹还田，而且增加了牛的饲料来源，降低养殖成本。

3. 水稻秸秆

水稻是一年生禾本科植物，叶长而扁，圆锥花序由许多小穗组成。稻草是水稻的茎，一般指脱粒后的水稻秸秆。我国是世界上水稻的主产国，水稻秸秆资源非常丰富。

水稻秸秆的营养价值比较低，质地粗糙，适口性差，不利于牛采食，也不利于牛的消化和吸收。长期单纯饲喂水稻秸秆，牛机体会越来越消瘦，更因钙、磷缺乏而导致钙、磷不足，且维生素 D 缺乏而影响钙、磷的吸收，从而引起成年牛（特别是孕牛和泌乳牛）的软骨症和犊牛佝偻病，产科病增多。在消化水稻秸秆的过程中，会产生大量马尿酸，机体为了中和马尿酸而消耗大量钾、钠，引起钾、钠缺乏症；缺钾会引起神经机能麻痹，全身疲惫，四肢乏力，不愿行走，步行时呈黏着步样跛行；缺钠会引起消化液分泌减少，消化功能恶化，体质每况愈下，最后全身虚脱而卧地死亡。因此，不能长期单纯喂水稻秸秆，必须与玉米、小麦麸、米糠、块根茎类饲料（尤以含胡萝卜素较多的甘薯为优）、豆饼、青贮饲料、青绿饲料等配合饲喂。可以对水稻秸秆进行氨化、碱化处理或添加尿素等适当处理，把水稻秸秆变成适口性好、营养丰富、有利于消化吸收的优良饲料。

水稻应选择晴天收割，脱去谷粒后，平铺在干爽的稻田中晾晒，尽量摊薄些，每日翻动 2~3 次，在 2~3 天内晒干、捆起。

储藏在干燥的地方，防止潮湿、雨淋，保持新鲜青绿色。若暴晒时间过长，由于阳光破坏和雨露浸润而品质老化，其营养物质消耗和损失；若遇雨天，常引起发霉，而丧失饲喂价值。

4. 大豆秸秆

大豆秸秆来源广、数量大，含有纤维素、半纤维素及戊聚糖，借助瘤胃微生物的发酵作用，可被牛消化利用。大豆秸秆饲喂草食动物或作为配制全价配合饲料的基础日粮，对提高牛、羊圈养存栏率，节省精饲料，提高饲料报酬和经济效益均有良好的作用。

西欧各国对大豆秸秆的利用情况比较好，大约有40%的大豆秸秆被用作牛、羊的配合饲料。据联合国粮食及农业组织20世纪90年代的统计资料表明，美国约有27%的肉类是以大豆秸秆为主的秸秆饲料转化而来的，澳大利亚约有18%，新西兰约有21%。

我国的大豆秸秆资源多，有非常大的利用潜能。充分利用这一资源，发展节粮型畜牧业，是农业产业化的重要内容与发展方向。

大豆秸秆蕴含高蛋白，因此是牲畜饲料的最佳选择，但由于大豆秸秆中粗纤维含量高，质地坚硬，需要进行加工调制后才能被牛充分利用。经过加工处理后的大豆秸秆，可增加适口性、提高消化率、提高营养价值。加工的方法有大豆秸秆氨化、大豆秸秆微贮和制作大豆秸秆颗粒饲料。

（三）秕壳和藤蔓类饲料

1. 秕壳

秕壳是农作物种子脱粒或清理种子时的残余副产品，包括种子的外壳和颖片等，如砻糠（即稻谷壳）、麦壳以及统糠、米糠和糠饼等。与其同种作物的秸秆相比，秕壳的蛋白质和矿物质含

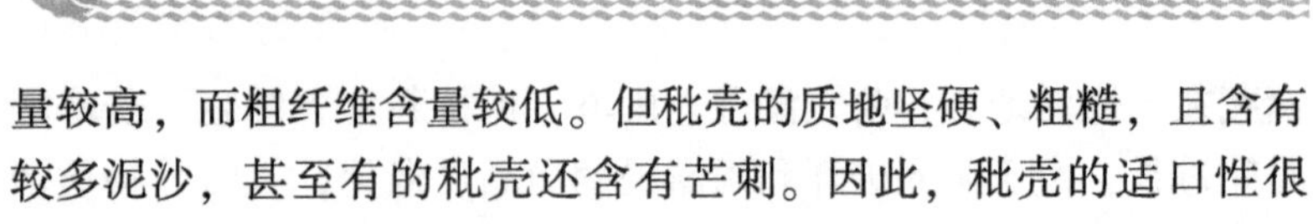

量较高，而粗纤维含量较低。但秕壳的质地坚硬、粗糙，且含有较多泥沙，甚至有的秕壳还含有芒刺。因此，秕壳的适口性很差，大量饲喂很容易引起动物消化道功能障碍，应该严格限制喂量。

2. 荚壳

荚壳是指豆科作物种子的外皮、荚皮，主要有大豆荚皮、蚕豆荚皮、豌豆荚皮和绿豆荚皮等。与秕壳相比，荚壳的粗蛋白质含量和营养价值相对较高，适口性也较好。

3. 藤蔓

藤蔓主要包括花生蔓、甘薯蔓、冬瓜藤、南瓜藤、西瓜藤、黄瓜藤等藤蔓类植物的茎、叶。其中甘薯藤是常用的藤蔓饲料，具有相对较高的营养价值。

（1）花生蔓。

花生蔓又称花生秧。花生是我国北方地区的主要农作物，每年花生秧的产量为 2 700 万~3 000万吨，花生蔓营养丰富，含有大量粗蛋白质、粗脂肪、矿物质及维生素，而且适口性好、质地松软，是畜禽的优质饲料，一直被用作牛、羊、兔等草食动物的粗饲料。用花生蔓喂畜禽是农村广辟饲料资源、减少投入、提高养殖效益、发展节粮型畜牧养殖业的重要途径。

花生蔓中的粗蛋白质含量相当于豌豆秸秆的 1.6 倍，水稻秸秆的 16 倍，小麦秸秆的 23 倍。花生蔓的粗蛋白质、钙含量较高，粗纤维含量适中，各种营养比较均衡。花生蔓的综合营养价值仅次于苜蓿草粉，明显高于玉米秸秆、大豆秸秆。

（2）甘薯蔓。

甘薯属一年生或多年生蔓生草本，又称山芋、红芋、番薯、红薯、白薯、地瓜、红苕等，因地区不同而有不同的名称。甘薯是一种高产而适应性强的粮食作物，与工、农业生产和人民生活

关系密切。块根除作主粮外，也是食品加工业和酒精制造工业的重要原料，根、茎、叶又是优质饲料。

盛夏至初秋，是甘薯蔓旺长的季节。这期间的甘薯蔓适口性好、容易消化、饲用价值高，是喂牛的优质饲料。

甘薯蔓可以粉碎制成甘薯蔓粉、青贮、微贮或加工成颗粒饲料等。

（四）其他非常规粗饲料

其他非常规粗饲料主要包括风干树叶类、糟渣等。可作为饲料使用的树叶类主要有松针、桑叶、槐树叶等。糟渣饲料主要包括啤酒糟、白酒糟、玉米淀粉渣等。此类饲料的营养价值相对较高，其中的纤维物质易于被瘤胃微生物消化，属于易降解纤维，因此它们是反刍动物的良好饲料，常用于饲喂牛。

二、青绿饲料

青绿饲料主要指天然水分含量在60%以上的青绿多汁饲料，具有含水量高、适口性好、维生素含量丰富、粗纤维含量较低、钙磷比例适宜、容积大、消化能含量较低等特点。

青绿饲料以富含叶绿素而得名，种类繁多，有天然草地或人工栽培的牧草，如黑麦草、紫云英、紫花苜蓿、象草、羊草、大米草和沙打旺等；菜叶、蔓秧和饲用蔬菜，如甜菜叶、白菜帮、萝卜缨、南瓜藤、甘蓝等；水生饲料，如绿萍、水浮莲、水葫芦、水花生等；野生饲料，如各类野生藤蔓、树叶、野草等；块根块茎类饲料，如胡萝卜、菊芋、山芋、马铃薯、甜菜和南瓜等。不同种类青绿饲料的营养特性差别很大，同一类青绿饲料在不同生长阶段，其营养价值也有很大不同。

（一）常见牧草

1. 黑麦草

黑麦草属禾本科黑麦草属，一年生或多年生草本。黑麦草高

0.3~1.0米，叶坚韧、深绿色，小穗长在“之”字形花轴上。它是重要的栽培牧草和绿肥作物。黑麦草属约有10种，我国有7种，其中多年生黑麦草和多花黑麦草是具有经济价值的栽培牧草。现新西兰、澳大利亚、美国和英国广泛栽培，用作牛、羊的饲草。

黑麦草中粗蛋白质4.93%、粗脂肪1.06%、无氮浸出物4.57%、钙0.075%、磷0.07%。其中粗蛋白质、粗脂肪比本地杂草含量高出3倍。黑麦草在春、秋季生长繁茂，草质柔嫩多汁，适口性好，是牛的优质饲料。供草期为10月至翌年5月，夏季不能生长。

2. 紫花苜蓿

紫花苜蓿又称紫苜蓿、苜蓿、苜蓿花，属豆科蝶形花亚科苜蓿属，多年生草本植物，有“牧草之王”的称号，是当今世界种植面积最大、分布国家最广的优良栽培牧草。

紫花苜蓿具有产草量高，适口性强，茎叶柔嫩鲜美的特点。不论青饲、青贮、调制青干草、加工草粉、用于配合饲料或混合饲料，各类畜禽都喜食，是养肉牛时的首选青绿饲料。紫花苜蓿干物质中粗蛋白质18.6%、粗脂肪2.4%、粗纤维35.7%、无氮浸出物34.4%、粗灰粉8.9%。茎、叶中含有丰富的蛋白质、矿物质、多种维生素及胡萝卜素。紫花苜蓿鲜嫩状态时，叶片质量占全株的50%左右，叶片中粗蛋白质含量比茎秆高1.0~1.5倍，粗纤维含量比茎秆少一半以上。紫花苜蓿干草喂畜禽可以替代部分粮食，研究表明，按能量计算其替代率为1.6∶1，即1.6千克苜蓿干草相当于1千克粮食的能量。紫花苜蓿富含蛋白质，如按能量和蛋白质综合效能，紫花苜蓿的代粮率可达1.2∶1。

3. 紫云英

紫云英又称红花草、翘摇，属豆科黄芪属，一年生或越年生草本植物，是重要的绿肥、饲料兼用作物。它分布于我国的长江地区，生长于海拔400~3 000米的溪边、山坡及潮湿处，农村家庭的农田里常有种植。

紫云英含有较多蛋白质、脂肪、胡萝卜素及维生素C等，且纤维素、半纤维素、木质素较低，是一种优良牧草。

4. 羊草

羊草又称碱草，属禾本科赖草属，多年生草本植物，分布广泛。我国东北部松嫩平原及内蒙古东部为其分布中心，在河北、山西、河南、陕西、宁夏、甘肃、青海、新疆等地亦有分布。羊草在寒冷、干燥地区生长良好。春季返青早、秋季枯黄晚，能在较长时间内提供较多的青绿饲料。

羊草叶量多、营养丰富、适口性好，各类家畜一年四季均喜食，有“牲口的细粮”之美称。牧民形容说：“羊草有油性，用羊草喂牲口，就是不喂料也上膘。”花期前粗蛋白质含量一般占干物质的11%以上，分蘖期高达18.53%，且矿物质、胡萝卜素含量丰富，每千克干物质中含胡萝卜素49.50~85.87毫克。羊草调制成干草后，粗蛋白质含量仍能保持在10%左右，且气味芳香、适口性好、耐储藏。羊草产量高，增产潜力大，在良好的管理条件下，一般每公顷产干草3 000~7 500千克，产种子150~375千克。

5. 大米草

大米草又称食人草，属禾本科米草属，多年生草本宿根植物，具根状茎。大米草原产于英国南海岸，是欧洲海岸米草和美洲米草的天然杂交种。在我国分布于辽宁、河北、天津、山东、江苏、上海、浙江、福建、广东、广西等地的海滩上。

嫩叶和地下茎有甜味，草粉清香。根据地上部分营养成分的分析能看出，粗蛋白质含量在旺盛生长抽穗之前最高可达13%，盛花期下降到9%左右；胡萝卜素含量变化大体与粗蛋白质含量变化一致；粗灰分和钙的含量在秋末冬初比春夏高1倍。18种氨基酸含量分析结果以谷氨酸和亮氨酸最高，天冬氨酸、丙氨酸次之，组氨酸、色氨酸及精氨酸最低。10种必需氨基酸与国外有代表性禾本科牧草的平均含量相比，6种超过（苯丙氨酸、亮氨酸、异亮氨酸、蛋氨酸、苏氨酸、缬氨酸），4种不及（赖氨酸、色氨酸、组氨酸、精氨酸）。

6. 沙打旺

沙打旺又称直立黄芪、斜茎黄芪、麻豆秧，属豆科黄芪属，多年生草本植物，可与粮食作物轮作或在林果行间、坡地上种植，是一种绿肥、饲草和水土保持兼用型草种。我国在20世纪中期开始栽培。主要优良品种有辽宁早熟沙打旺、大名沙打旺和山西沙打旺等；野生种主要分布在俄罗斯西伯利亚和美洲北部，以及我国东北、西北、华北和西南地区。沙打旺是干旱地区的一种优质饲草，但其适口性、营养价值、有机物质消化率和消化能低于紫花苜蓿。

沙打旺用于饲料，其茎、叶中各种营养成分含量丰富，可放牧、青饲、青贮、调制干草、加工草粉和配合饲料等。有微毒，带苦味，适口性差，但其干草的适口性优于青草，可与其他牧草适量配合利用，能消除苦味、提高适口性。沙打旺利用年限长、产草量高，除用于青饲、调制干草外，与禾本科饲料作物混合青贮效果很好，其中沙打旺比例应在35%以内，否则因蛋白质含量过高，容易引起青贮饲料变质。凡是用沙打旺饲养的家畜，膘肥、体壮，未发现有异常现象，反刍家畜也未发生臌胀病。

尽管沙打旺株体内含有脂肪族硝基化合物，在家畜体内可代谢成3-硝基丙酸和3-硝基丙醇等有毒物质，但反刍动物的瘤胃微生物可以将其有效分解，所以饲喂比较安全。

(二) 多汁饲料

1. 块根块茎类饲料

这类饲料具有总能高、粗纤维含量低、产量高、耐储藏的特点，可分为以下4种。

(1) 胡萝卜。胡萝卜产量高、易栽培、耐储藏、营养丰富，是肉牛重要的青绿饲料。它大部分营养物质是无氮浸出物；含有蔗糖和果糖，故有甜味；蛋白质含量较其他块根多；胡萝卜素含量尤为丰富，含有大量钾盐、铁盐、磷盐。胡萝卜的适口性好，牛喜食，喂给足量胡萝卜对维持泌乳母牛的泌乳量及怀孕母牛保胎起到非常重要的作用。因熟喂会使胡萝卜素、维生素C、维生素E遭到破坏，所以胡萝卜应生喂。

(2) 菊芋。菊芋又称洋姜、鬼子姜、姜不辣，在我国南北各地广泛分布。菊芋的营养价值较高，块茎中富含蛋白质、脂肪和碳水化合物，菊糖的含量在13%以上。菊芋块茎脆嫩多汁、营养丰富、适口性好，适合作泌乳牛的青绿多汁饲料。

(3) 萝卜。萝卜在我国南北各地均有栽培，其产量高、耐储藏、粗蛋白质含量较高，是有价值的青绿多汁饲料，可作为牛冬、春季的储备饲料。萝卜生、熟喂皆宜，由于略带辣味，适口性稍差，宜与其他饲料混喂。

(4) 南瓜。南瓜又称倭瓜，营养丰富、耐储藏、运输方便。南瓜中无氮浸出物含量高，其中多为淀粉和糖类。南瓜富含胡萝卜素，适合饲喂各生长阶段的牛，尤其适合饲喂繁殖和泌乳牛。但早期收获的南瓜含水量较大、干物质少、适口性差、不耐储藏。块根块茎类饲料喂前应洗净泥土、切碎（1～2厘米见

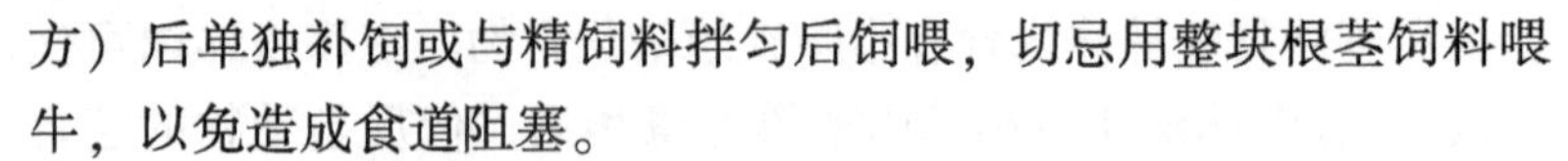

方）后单独补饲或与精饲料拌匀后饲喂，切忌用整块根茎饲料喂牛，以免造成食道阻塞。

2. 菜叶、蔓秧和饲用蔬菜

菜叶是指菜用瓜果、豆类植物的叶子，具有种类多、来源广、数量大、能量高、易消化的特点。蔓秧是作物的藤蔓和幼苗，一般含粗纤维较多，幼嫩时营养价值较高。饲用蔬菜如白菜、甘蓝等，既可食用，又可作饲料。另外，在蔬菜旺季，大量剩余蔬菜、次菜及菜帮均可作为青绿饲料喂牛。

应切碎后新鲜饲喂，如一时不能喂完，可采用在室内储藏或窖藏，也可制成青贮。但应注意储藏前可稍加风干，除去表面水分，防止一些硝酸盐含量较高的菜叶（如白菜、萝卜、甜菜等）由于堆放发热而致硝酸盐还原为亚硝酸盐，从而发生亚硝酸盐中毒现象。已经变质的饲草不得喂牛，以防中毒。

（三）水生饲料

水生饲料被称为“三水一萍”，“三水”即水浮莲、水葫芦、水花生，“一萍”即绿萍。水生饲料具有生长快、产量高、不占耕地、利用时间长的优点。水生饲料质地柔软，细嫩多汁，营养价值较高，但生喂易感染蛔虫、姜片吸虫、肝片吸虫等寄生虫病。又因水生饲料含水量高达90%~95%，相对干物质含量低，不宜单独生喂，宜与其他饲料混合饲喂并注意消毒。

1. 水浮莲

水浮莲又称大叶莲、大浮萍、水白菜，具有繁殖快、产量高、利用时间长的特点。但因含水量高达95%以上，营养价值相对较低。水浮莲根、叶均很柔软，粗纤维含量少，但适口性较差。其营养价值因水质肥瘦而异，肥塘所产水浮莲蛋白质含量为1.35%，而瘦塘所产水浮莲蛋白质含量仅为0.89%。水浮莲柔嫩多汁，多鲜喂，也可拌入糠麸生喂。为避免感染寄生虫，最好熟

喂，随煮随喂，不宜过夜，以防发生亚硝酸盐中毒。水浮莲也可制成青贮供冬、春季利用。因含水量高，青贮时应晾晒2~3天，或加糠麸、干粗饲料混合青贮。

2. 水葫芦

水葫芦又称凤眼莲、洋水仙、水仙花，为多年生草本植物。由于它生长快、产量高、适应性强、易于管理、利用时间长，现在我国已广泛分布。水葫芦可去掉一部分根后整株饲喂，或切碎拌入糠麸生喂，也可切碎与糠麸拌匀发酵后饲喂，还可制成青贮备用，制作青贮应先与糠麸类混合。

3. 水花生

水花生又称水苋菜、喜旱莲子草、革命草，主要分布于江浙一带，现北方也有种植。水花生生长快、产量高、品质好、养殖方便，是一种较好的水生青绿饲料。水花生茎叶柔软，含水量比其他水生饲料少，营养价值较高。鲜草干物质含量达9.2%，是牛的优质饲料，可整株生喂，也可发酵后投喂、制成青贮或晒成干草粉。江浙一带习惯将水花生留在塘内，冬后取出喂牛。

4. 绿萍

绿萍为淡水漂浮性水生植物，生长快、易养殖、营养价值较高，干物质含量8.1%，粗蛋白质含量1.5%，是牛的优质饲料。可单独鲜喂，也可拌入糠麸混喂；用不完还可晒干长期储藏，营养价值也高。

三、青贮饲料

青贮饲料是将含水量为65%~75%的青绿饲料切碎后，利用青贮袋、青贮池、青贮壕等设施，在密闭缺氧的条件下，通过厌氧乳酸菌的发酵作用，抑制各种杂菌的繁殖，而得到的一种粗饲料。青贮饲料气味酸香、柔软多汁、适口性好、营养丰富、利于长期保存，是家畜优良饲料的来源。

常见的青贮饲料有以下几种。

（一）青贮玉米饲料

青贮玉米是指专门用于青贮的玉米品种。在蜡熟期收割，茎、叶、果穗一起切碎，调制成青贮饲料。这种青贮饲料营养价值高，每千克相当于0.4千克优质干草。

青贮玉米的特点如下。

（1）产量高。每公顷青贮玉米产量一般为5万~6万千克，个别高产地块可达8万~10万千克。在北方地区的青贮饲料作物中，青贮玉米产量一般高于其他作物。

（2）营养丰富。每千克青贮玉米中，含粗蛋白质约20克，其中可消化蛋白质约12.04克。维生素含量丰富，其中胡萝卜素约11毫克，维生素B_3约10.4毫克，维生素C约75.7毫克，维生素A约18.4个国际单位。微量元素含量也很丰富，其中钙约7.8毫克/千克、铜约9.4毫克/千克、钴约11.7毫克/千克、锰约25.1毫克/千克、锌约110.4毫克/千克、铁约227.1毫克/千克。

（3）适口性强。青贮玉米含糖量高，制成的优质青贮饲料，有酸甜、清香味，且酸度适中（pH值为4.2），牛喜食。

调制青贮玉米饲料的技术要点如下。

（1）适时收割。专用青贮玉米的适宜收割期在蜡熟期，即籽粒剖面呈蜂蜡状，没有乳浆汁液，籽粒尚未变硬。此时收割不仅茎叶水分充足（70%左右），而且单位面积土地上营养物质产量最高。

（2）收割、切碎、运输、装贮等要连续作业。青贮玉米柔嫩多汁，收割后必须及时切碎、装贮，否则营养物质易流失。最理想的方法是采用青贮联合收割机，收割、切碎、运输、装贮等

多项作业连续进行。

（3）采用砖、石、水泥结构的永久窖装贮。因青贮玉米水分充足、营养丰富，为防止汁液流失，必须用永久窖装贮，如果用土窖装贮时，窖的四周要用塑料薄膜铺垫，绝不能使青贮玉米饲料与土壤接触，防止土壤吸收水分而造成霉变。

（二）玉米秸秆青贮饲料

玉米籽实成熟后，先将籽实收获，再将秸秆进行青贮的饲料，称为玉米秸秆青贮饲料。在华北、华中地区，玉米收获后，叶片仍保持绿色，茎、叶水分含量较高，但在东北、内蒙古及西北地区，玉米多为晚熟型杂交种，多数是在降霜前后才能成熟。由于秋收与青贮同时进行，人力、运输矛盾突出，青贮工作经常被推迟到10月中下旬，此时秸秆干枯，若要调制青贮饲料，必须添加大量清水，而加水量又不易掌握，且难以和切碎秸秆拌匀，水分多时，易形成乙酸或丁酸发酵，而水分不足时，易形成好氧高温发酵而霉烂。所以调制玉米秸秆青贮饲料，要掌握以下关键技术。

（1）选择成熟期适当的品种。其基本原则是籽实成熟而秸秆上又有一定数量绿叶（1/3~1/2），茎秆中水分较多，在当地降霜前7~10天籽实成熟。

（2）晚熟玉米品种要适时收获。在籽实基本成熟，籽实不减产或少量减产的最佳时期收获，降霜前进行青贮，使秸秆中保留较多的营养物质和较好的青贮品质。

（3）严格掌握加水量。玉米籽实成熟后，茎秆中的水分含量一般在50%~60%，茎下部叶片枯黄，必须添加适量清水，把含水量调整到70%左右。作业前测定原料的含水量，计算出加水量。

（三）牧草青贮饲料

牧草不仅可调制成干草，而且可以制成青贮饲料。在长江流域及以南地区、北方地区的6—8月雨季，可以将一些多年生牧草，如苜蓿、草木樨、红豆草、沙打旺、红三叶、白三叶、冰草、无芒雀麦、老芒麦、披碱草等调制成青贮饲料。牧草青贮要注意以下技术环节。

（1）正确掌握切碎长度。通常禾本科牧草及一些豆科牧草（如苜蓿、三叶草等）茎秆柔软，切碎长度应为3~4厘米。沙打旺、红豆草等茎秆较粗硬的牧草，切碎长度应为1~2厘米。

（2）豆科牧草不宜单独青贮。豆科牧草蛋白质含量较高而糖分含量较低，满足不了乳酸菌对糖分的需要，单独青贮时容易腐烂变质。为了增加糖分含量，可采用与禾本科牧草或饲料作物混合青贮。如添加1/4~1/3水稗草、青割玉米、苏丹草、甜高粱等，当地若有制糖的副产物，如甜菜渣（鲜）、糖蜜、甘蔗上梢及叶片等，也可以混在豆科牧草中，进行混合青贮。

（3）禾本科牧草与豆科牧草混合青贮。有些禾本科牧草水分含量偏低（如披碱草、老芒麦等）、糖分含量稍高，而豆科牧草水分含量稍高（如苜蓿、三叶草等）、糖分含量稍低，二者进行混合青贮，优劣可以互补，营养又能平衡。

（四）蔓秧、菜叶类青贮饲料

这类青贮原料主要有甘薯秧、花生秧、瓜秧、甜菜叶、甘蓝叶、白菜等，其中花生秧、瓜秧含水量较低，其他几种含水量较高。制作青贮饲料时，需注意以下几项关键技术。

（1）高水分原料经适当晾晒后青贮。甘薯秧及菜叶类的含水量一般在80%~90%，在条件允许时收割后晾晒2~3天，以降低水分。

（2）添加低水分原料，实施混合青贮。在雨季或南方多雨地区，高水分青贮原料可以和低水分青贮原料或粉碎的干饲料实行混合青贮。制作时，务必混合均匀，掌握好含水量。

（3）此类原料多数柔软蓬松，填装原料时应尽量踩踏，封窖时窖顶覆盖泥土，以20～30厘米厚度为宜，若覆土过厚、压力过大，青贮饲料则会下沉较多，原料中的汁液被挤出，造成营养损失。

四、能量饲料

能量饲料是指天然水分含量在45%以下、每千克干物质中粗纤维含量在18%以下、可消化能含量高于10.46兆焦/千克、蛋白质含量在20%以下的饲料，主要包括谷物籽实类饲料（如玉米、稻谷、大麦、小麦、高粱、燕麦等），谷物籽实类加工副产品（如米糠、小麦麸等），富含淀粉及糖类的根、茎、瓜类饲料等。

（一）玉米

玉米是最重要的能量饲料，是养牛精饲料中主要的能量饲料。与其他谷物饲料相比，玉米粗蛋白质含量低，但能量值最高。以干物质计，玉米中淀粉含量可达70%，粗纤维含量低，蛋白质含量为7.8%～9.4%，可消化能含量与小麦相近，每千克约14兆焦。但是玉米所含蛋白质的质量差，缺少赖氨酸、蛋氨酸、色氨酸等必需氨基酸，使用中应注意与饼粕、合成氨基酸搭配。玉米所含淀粉具有良好的过瘤胃特性，可消化性高，适口性好。玉米蛋白质中50%～60%为过瘤胃蛋白质，可达小肠而被消化吸收，其余40%～50%蛋白质可在瘤胃被微生物所降解。钙含量0.02%，磷含量0.27%，与其他谷物饲料相似，玉米的钙少磷多。其他元素也不能满足牛的营养需要，必须在配制日粮时给予补充。

用玉米喂牛时不宜粉碎太细，否则易引起瘤胃过酸。磨碎与压扁是最常用的提高玉米利用率的加工方法，压扁比磨碎的效果更好。有条件时可用热蒸汽软化压扁，这是因为熟化玉米有利于提高其消化利用率。北方冬季可将粗粉碎的玉米煮熟后喂牛，夏季直接喂即可。储藏时含水量控制在14%以下，可防发霉变质。

（二）大麦

大麦是裸大麦和皮大麦的总称，又称元麦、米麦，大麦的粗蛋白质含量高于玉米，为11%~13%；粗蛋白质含量在谷类籽实中是比较高的；粗纤维含量略高；可消化能为13.0~13.5兆焦/千克，略低于玉米；蛋白质品质较好，其中赖氨酸含量高出玉米1倍；矿物质含量比较高。在欧洲及北美多以大麦为主要精饲料，是肉牛理想的能量饲料，用大麦育肥的牛，胴体脂肪洁白、硬实，是优质肉的标志。大麦芽是严寒冬季家畜的维生素补充饲料，用于补饲犊牛、种畜和商品肉牛。

大麦的无氮浸出物含量比较高（77.5%左右），但由于大麦籽实外面包裹一层质地坚硬的硬壳，种皮的粗纤维含量较高（整粒大麦为5.6%），为玉米的2倍左右，所以有效能值较低，一定程度上影响了大麦的营养价值；淀粉和糖类含量较玉米少；热能较低，代谢能仅为玉米的89%；大麦矿物质中钾和磷含量丰富，其中磷的63%为植酸磷；含有镁、钙及少量铁、铜、锰、锌等；富含B族维生素，包括维生素B_1、维生素B_2和维生素B_5。虽然维生素B_3含量也较高，但利用率只有10%；脂溶性维生素A、维生素D、维生素K含量较低，少量维生素E存在于大麦胚芽中。

大麦蛋白在瘤胃的降解率与其他小颗粒谷物类饲料相似，过瘤胃蛋白质占20%~30%，比玉米和高粱的过瘤胃蛋白质率低。

大麦中含有一定量抗营养因子，影响适口性和蛋白质消化率。大麦易被麦角菌感染致病，产生多种有毒的生物碱，如麦角胺、麦角胱氨酸等，轻者引起适口性下降，严重者发生中毒，表

现为坏疽症、痉挛、繁殖障碍、咳嗽、呕吐等。各种加工处理，如蒸汽压扁、碾碎、颗粒化以及干压扁对饲喂效果都影响不大。

(三) 高粱

高粱籽粒蛋白质含量9%~11%，亮氨酸和缬氨酸的含量略高于玉米，而精氨酸的含量又略低于玉米。其他各种氨基酸的含量与玉米大致相等。

高粱和其他谷实类一样，不仅蛋白质含量低，而且所有必需氨基酸的含量都不能满足畜禽的营养需要。总磷含量中约有一半以上为植酸磷，同时还含有0.2%~0.5%单宁，两者都属于抗营养因子，前者阻碍矿物质、微量元素的吸收利用，而后者则影响蛋白质、氨基酸及能量的利用效率。

高粱的营养价值受品种影响大，其饲喂价值一般为玉米的90%~95%。高粱在肉牛日粮中使用量的多少，与单宁含量高低有关：单宁含量高的高粱用量不能超过10%，单宁含量低的高粱用量可达到70%。高单宁高粱不宜在幼龄动物饲料中使用，以避免造成养分消化率的下降。

对于反刍动物来说，通过蒸汽压扁、水浸、蒸煮和挤压膨化等方法，可以改善反刍动物对高粱的利用，提高利用率10%~15%。

去掉高粱中的单宁可采用水浸、煮沸处理、氢氧化钠处理、氨化处理等，也可通过在饲料中添加蛋氨酸或胆碱等含甲基的化合物来削弱其不利影响。

(四) 燕麦

燕麦分为皮燕麦和裸燕麦两种，是营养价值很高的饲料作物，可用作能量饲料和青贮饲料。

燕麦壳一般占籽实总重的24%~30%。因此，燕麦壳粗纤维含量高，可达11%或更高，去壳后粗纤维含量仅为2%。燕麦淀粉含量仅为玉米淀粉含量的1/3~1/2，在谷实类中最低，粗脂肪含量在3.75%~5.50%，能值较低。燕麦粗蛋白质含量为11%~13%。燕麦籽实钾的含量比其他谷物低。因为壳重较大，所以燕麦所含的钙比其他谷物略高，约占干物质的0.1%，而磷占0.33%。其他矿物质与一般麦类比较接近。

燕麦因壳厚、粗纤维含量高，适宜饲喂反刍动物。

(五) 小麦

小麦是人类最重要的粮食作物之一，全世界1/3以上人口以它为主食。美国、中国、俄罗斯是小麦的主要产地，小麦在我国各地均有大面积种植。

小麦籽粒中主要养分含量：粗脂肪1.7%、粗蛋白质13.9%、粗纤维1.9%、无氮浸出物67.6%、钙0.17%、磷0.41%。总的消化养分和代谢能均与玉米相似。与其他谷物相比，粗蛋白质含量高。在麦类中，春小麦的蛋白质水平最高，而冬小麦略低。小麦钙少磷多。

对反刍动物来说，可作为动物的精饲料，小麦的价格低于玉米，因此常将小麦替代玉米作为动物饲料。小麦淀粉消化速度快、消化率高，饲喂过量易引起瘤胃酸中毒。小麦的谷蛋白含量高，易造成瘤胃内容物黏结，降低瘤胃内容物的流动性。若饲喂全小麦，在日粮中添加相应的酶制剂，可消除谷蛋白的不利影响。

(六) 小麦麸和次粉

小麦麸和次粉是小麦加工副产品，是我国畜禽常用的饲料原料。小麦麸又称麸皮，成分可因小麦面粉的加工要求不同而不同。

小麦麸和次粉的粗蛋白质含量高，为12.5%~17.0%，而且质量较好。与玉米和小麦籽粒相比，小麦麸和次粉的氨基酸组成

较平衡，其中赖氨酸、色氨酸和苏氨酸含量均较高，特别是赖氨酸含量较高，为0.67%；粗纤维含量高，脂肪含量约4%，其中不饱和脂肪酸含量高，易氧化酸败；B族维生素及维生素E含量高，矿物质含量丰富，但钙磷比为1∶8以上，极不平衡，磷多为植酸磷，约占75%，但含植酸酶，因此用这些饲料时要注意补钙；小麦麸的质地疏松，含有适量硫酸盐类，有轻泻作用，可防止便秘。

小麦麸容积大、纤维含量高、适口性好，是肉牛及羊等反刍动物的优良饲料原料。母牛精饲料中使用10%～15%小麦麸和次粉，可增加泌乳量，但用量太多反而失去效果。

（七）米糠

稻谷在加工成精米的过程中要去掉外壳与占总重10%左右的种皮和胚，米糠就是由种皮和胚加工制成的，是稻谷加工的主要副产品。

米糠的营养价值受稻米精制加工程度的影响，精制程度越高，则米糠中混入的胚乳就越多，其营养价值也就越高。米糠蛋白质含量高，为14%，比大米（粗蛋白质含量为9.2%）高得多；氨基酸平衡情况较好，其中赖氨酸、色氨酸和苏氨酸含量高于玉米，但与动物需要相比，仍然偏低；粗纤维含量不高，故有效能值较高；脂肪含量12%以上，其中主要是不饱和脂肪酸，易氧化酸败；B族维生素及维生素E含量高，但维生素A、维生素D、维生素C含量少；矿物质含量丰富，钙少（0.08%）磷多（1.6%），钙磷比例不平衡，磷主要是植酸磷，利用率不高；锌、铁、锰、钾、镁、硅含量较高；脂肪酶活性较高，长期储藏，易引起脂肪变质。

米糠用作反刍动物饲料并无不良反应，适口性好，能值高，在奶牛、肉牛精饲料中可用至20%。但喂量过多会影响牛乳和牛肉的品质，使体脂和乳脂变黄变软，尤其是酸败的米糠还会引起适口性降低和腹泻。

五、蛋白质饲料

蛋白质饲料是指饲料天然水分含量在45%以下、干物质中粗纤维低于18%、粗蛋白质含量不低于20%的饲料。蛋白质饲料包括植物性蛋白质饲料、动物性蛋白质饲料、单细胞蛋白质饲料和非蛋白氮饲料。

（一）大豆饼（粕）

大豆饼和大豆粕是我国最常用的一种植物性蛋白质饲料，营养价值很高，粗纤维素含量为10%～11%；粗蛋白质含量在40%～45%，大豆粕的粗蛋白质含量高于大豆饼，去皮大豆粕粗蛋白质含量可达50%；氨基酸组成较合理，赖氨酸含量2.5%～3.0%，是所有饼粕类饲料中含量最高的，异亮氨酸、色氨酸含量都比较高，但蛋氨酸含量低，仅0.5%～0.7%；钙少磷多，但磷多为难以利用的植酸磷；维生素A、维生素D含量少，B族维生素除维生素B_2、维生素B_{12}外均较高；粗脂肪含量较低，尤其大豆粕的脂肪含量更低。大豆饼（粕）含有抗胰蛋白酶、尿素酶、血球凝集素、皂角苷、甲状腺肿诱发因子、抗凝固因子等有害物质。但这些物质大都不耐热，一般在饲用前，先经100～110 ℃加热处理3～5分钟，即可去除这些有害物质。注意加热时间不宜太长、温度不能过高也不能过低，加热不足破坏不了毒素，则蛋白质利用率低，加热过度可导致赖氨酸等必需氨基酸发生变性反应，尤其是赖氨酸消化率降低，引起畜禽生产性能下降。

合格的大豆饼（粕）从颜色上可以辨别，色泽从浅棕色到亮黄色，如果色泽呈暗红色且尝之有苦味，说明加热过度，氨基

酸的可利用率会降低；如果色泽呈浅黄色或黄绿色且尝之有豆腥味，说明加热不足。

（二）棉籽饼（粕）

棉籽饼（粕）是棉花籽实提取棉籽油后的副产品，产量仅次于大豆饼，是一种重要的蛋白质资源。粗纤维素含量为10%~11%，粗蛋白质含量较高，一般为36.3%~47.0%。棉籽饼（粕）因加工程度不同，其营养价值相差很大，主要影响因素是棉籽壳是否脱去及脱去程度。在油脂厂去掉的棉籽壳中，夹杂着部分棉仁，粗纤维达48%、木质素达32%，脱壳以前去掉的短绒含粗纤维90%，因而在用棉花籽实加工成的棉籽饼（粕）中，是否含有棉籽壳，或者含棉籽壳多少，是决定它可利用能量水平和蛋白质含量的主要影响因素。

棉籽饼（粕）的蛋白质组成不太理想：精氨酸含量过高，达3.6%~3.8%，远高于豆粕，是菜籽饼（粕）的2倍，仅次于花生饼（粕）；赖氨酸含量过低，仅1.3%~1.5%，只有大豆饼粕的一半；蛋氨酸含量不足，约0.4%；赖氨酸的利用率较差，故赖氨酸是棉籽饼粕的第一限制性氨基酸。饼粕中的有效能值主要取决于粗纤维含量，即饼粕的含壳量。维生素含量受热损失较多。矿物质中磷多，但多为植酸磷，利用率低。

棉籽饼（粕）中含有游离棉酚、环丙烯脂肪酸、单宁、植酸等抗营养因子，可对蛋白质、氨基酸和矿物质的有效利用产生严重的影响。因此，应采用热处理法、硫酸亚铁法、碱处理、微生物发酵等方法进行脱毒处理。使用棉籽饼（粕）时，需搭配优质粗饲料。

一般牛对棉酚的耐受性较强，但长期过量使用棉籽饼（粕），同样会造成牛中毒。因此，日粮中应限制其用量，成年母牛日粮不应超过混合饲料的20%，或日喂量不超过1.4~1.8

千克。

（三）菜籽饼（粕）

菜籽饼（粕）是油菜籽经机械压榨或溶剂浸提制油后的残渣，具有产量高，能量、蛋白质、矿物质含量较高，价格便宜等优点。菜籽饼（粕）粗蛋白质含量达到37%左右；粗纤维含量为10%~11%，在饼粕类中是粗纤维含量较高的一种；氨基酸含量丰富且均衡，品质接近大豆饼（粕）水平；胡萝卜素和维生素D的含量不足；钙、磷含量高，所含磷的65%是利用率低的植酸磷，含硒量在常用植物性饲料中最高，是大豆饼（粕）的10倍。

菜籽饼（粕）含有毒素，如芥子苷或含硫苷（含量一般在6%以上）。各种芥子苷在不同条件下水解，生成异硫氰酸酯，严重影响适口性。硫氰酸酯加热转变成氰酸酯，它和恶唑烷硫酮还会导致甲状腺肿大，一般经去毒处理，才能保证饲料安全。去毒方法有多种，主要有加水加热到100~110 ℃处理1小时；用冷水或温水（40 ℃左右）浸泡2~4天，每天换水1次。近年来，国内外都培育出各种低毒油菜籽品种，使用安全，值得大力推广。

用毒素成分含量高的菜籽制成的饼粕适口性差，也限制了菜籽饼（粕）的使用。因此，应限量使用，日喂量不应超过1.5千克，犊牛和怀孕母牛最好不喂。

（四）花生饼（粕）

花生饼（粕）是花生去壳后花生仁经榨（浸）油后的副产品。其营养价值仅次于大豆饼（粕），粗蛋白质含量在38%~48%；花生饼的粗纤维含量为4%~7%，花生粕的粗纤维含量为5.9%~6.2%；花生饼的粗脂肪含量为4%~7%，花生粕的粗脂肪含量为1.4%~7.2%；钙少磷多，钙含量为0.25%~0.27%、磷含量为0.53%~0.56%，但磷多以植酸磷的形式存在；花生粕

赖氨酸含量为1.3%~2.0%，含量仅为大豆饼（粕）的一半左右；蛋氨酸含量为0.4%~0.5%；色氨酸含量为0.3%~0.5%，其利用率为84%~88%；胡萝卜素和维生素D的含量极少。花生饼（粕）本身虽无毒素，但因其脂肪含量高，长时间储藏易变质，而且容易感染黄曲霉，产生黄曲霉毒素。黄曲霉毒素毒力强、对热稳定，经过加热也去除不掉，食用能致癌。储藏时应保持低温干燥的条件，防止发霉。一旦发霉，坚决不能食用，以新鲜菜籽饼（粕）配制日粮最好。

（五）向日葵饼（粕）

向日葵饼（粕）是向日葵籽榨油后的副产品。脱壳的向日葵饼（粕）粗蛋白质含量为29.0%~36.5%；消化能8.54~10.63兆焦/千克；氨基酸组成不平衡，与大豆饼（粕）、棉籽饼（粕）、花生饼（粕）相比，赖氨酸含量低，而蛋氨酸含量较高；铜、铁、锰、锌含量都较高。

向日葵饼（粕）可作为反刍动物的优质蛋白质饲料，适口性好，饲用价值与豆粕相当。但应注意向日葵饼（粕）不仅含有难以消化的木质素，还含有可抑制胰蛋白酶、淀粉酶、脂肪酶活性的有毒物质绿原酸。

（六）亚麻饼（粕）

亚麻饼（粕）是亚麻籽实脱油后的副产品。亚麻饼（粕）的粗蛋白质含量较高，为35.7%~38.6%；必需氨基酸含量较低，赖氨酸仅为大豆饼（粕）的1/3~1/2，蛋氨酸和色氨酸则与大豆饼（粕）相近，故使用时可与赖氨酸含量高的饲料搭配使用；粗纤维含量高于大豆饼（粕）；总可消化养分比大豆饼（粕）低；微量元素硒的含量高，为0.18%。

亚麻饼（粕）适口性好，可作为肉牛的蛋白质补充料，也是很好的硒源。亚麻饼（粕）含有生氰糖苷，可分解生成氢氰酸，引起肉牛中毒。因此，饲喂前先用凉水浸泡，然后高温蒸煮1~2小时。

（七）芝麻饼（粕）

芝麻饼（粕）是芝麻脱油后的副产品，略带苦味，是反刍动物良好的蛋白质饲料来源。芝麻饼（粕）的粗蛋白质含量39.2%、粗脂肪10.3%、粗纤维7.2%、无氮浸出物24.9%、钙2.24%、总磷1.19%，蛋氨酸含量在各种饼（粕）类饲料中最高为0.82%，赖氨酸2.38%。芝麻饼（粕）使用时可与大豆饼（粕）、菜籽饼（粕）搭配。

六、矿物质饲料

矿物质饲料包括人工合成的、天然单一的以及配合有载体或赋形剂的痕量、微量、常量元素补充料。在肉牛生产中常用的矿物质饲料有以下5类。

（一）食盐

食盐的主要成分是氯化钠，是最常用又经济的钠、氯补充物。植物性饲料大都含钠和氯较少，相反含钾丰富。为了保持生理上的平衡，对以植物性饲料为主的畜禽，应补饲食盐。食盐除了具有维持体液渗透压和酸碱平衡的作用外，还可提高饲料适口性，刺激唾液分泌，增强动物食欲。

草食家畜需要钠和氯较多，对食盐的耐受量较大，很少发生草食家畜食盐中毒的情况。食盐的供给量要根据家畜的种类、体重、生产性能、季节和日粮组成等来确定。一般食盐在风干日粮中的用量：牛、羊、马等草食家畜为0.5%~1.0%，浓缩饲料中可添加1%~3%。饮水充足时不易中毒。在饮水受到限制或盐碱地区的水中含有食盐时，易导致食盐中毒，若水中含有较多食盐，饲料中可不添加食盐。

饲用食盐一般要求较细粒度。食盐吸湿性强、易结块，可在其中添加流动性好的二氧化硅等防结块剂。

在缺碘地区，为了人类健康现已供给加碘盐，在这些地区的家畜同样也缺碘，故给饲食盐时也应采用碘化食盐。如无出售，可以自配，在食盐中混入碘化钾，用量要使其中碘的含量达到0.007%为好，同时添加稳定剂。配制时，要注意使碘分布均匀，如配制不均，可引起碘中毒。碘易挥发，应注意密封保存。

补饲食盐时，除了直接拌在饲料中外，也可以食盐为载体，制成微量元素添加剂预混料。在缺硒、铜、锌等地区，可分别制成含亚硒酸钠、硫酸铜、硫酸锌或氧化锌的食盐砖、食盐块供牛舔食，但要注意牛食后要充分饮水。由于食盐吸湿性强，在相对湿度75%以上环境下开始潮解，作为载体的食盐必须保持含水量在0.5%以下，并妥善保管。

（二）含钙的矿物质饲料

常用的有石粉、贝壳粉等，其主要成分为碳酸钙，这类饲料来源广、价格低。石粉是最廉价的钙源，含钙38%左右。在母牛产犊后，为了防止钙不足，也可以添加乳酸钙。

（三）含磷的矿物质饲料

单纯含磷的矿物质饲料并不多，且因其价格昂贵，一般不单独使用。这类饲料有磷酸二氢钠、磷酸氢二钠、磷酸等。

（四）含钙、磷的饲料

常用的有磷酸钙、磷酸氢钙等，它们既含钙，又含磷，消化利用率相对较高，且价格适中。故在家畜日粮中出现钙、磷同时不足的情况下，多以这类饲料补给。这类饲料来源广、价格低，但动物利用率不高。

（五）其他

在某些特殊情况下，氯化钾、硫酸钠等也是可能用到的矿物

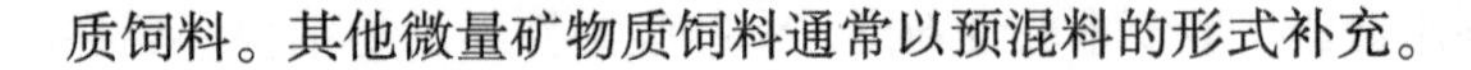

质饲料。其他微量矿物质饲料通常以预混料的形式补充。

七、饲料添加剂

为补充营养物质、提高生产性能、提高饲料利用率、改善饲料品质、促进生长繁殖、保障肉牛健康而掺入饲料中的少量或微量物质，称为饲料添加剂。

肉牛常用的饲料添加剂主要有维生素添加剂、微量元素（占体重0.01%以下的元素）添加剂、氨基酸添加剂、瘤胃缓冲剂、酶制剂、活性菌（益生素）制剂、饲料防霉剂、抗氧化剂、非蛋白氮和舔砖等。

（一）维生素添加剂

维生素添加剂对牛的健康、生长、繁殖及泌乳等都起重要作用，主要包括维生素 A、维生素 D、维生素 E、维生素 B_3 等。农村粗饲料以秸秆为主的地区，维生素 A 含量普遍不足，这不仅影响了牛的正常繁殖，而且犊牛先天性双目失明者日渐增多，为此应补喂青绿多汁饲料或维生素 A。

（二）微量元素（占体重0.01%以下的元素）添加剂

微量元素添加剂主要包括铁、铜、锌、锰、钴、硒、碘等，用其平衡日粮，可明显提高肉牛的生产水平。泌乳盛期母牛每天补喂碘化钾 15 毫克即可满足需要。日粮中加入 5%海带粉，产奶量可提高 1%左右，且可提高母牛的发情率和受胎率。

（三）氨基酸添加剂

氨基酸是构成蛋白质的基本单位。蛋白质营养实质上是氨基酸营养。氨基酸营养的核心是氨基酸之间的平衡。天然饲料的氨基酸平衡很差，氨基酸含量差异很大，各不相同。因此，需要氨基酸添加剂来平衡或补足某种特定生产目的所要求的需要量。据试验，泌乳早期在母牛日粮中添加 20～30 克蛋氨酸羟基类似物

可使乳脂率提高10%，产奶量也有所提高。

(四) 瘤胃缓冲剂

瘤胃缓冲剂主要包括碳酸氢钠、脲酶抑制剂等，添加瘤胃缓冲剂的目的是改善瘤胃内环境，有利于微生物的生长繁殖。农村养肉牛，为追求高产普遍加大精饲料喂量，导致肉牛瘤胃内酸性过度、微生物活动受到抑制，并患有多种疾病。据试验，日粮中精饲料占60%，粗饲料占40%，添加1.5%碳酸氢钠（小苏打）和0.8%氧化镁混合喂母牛，每头日产奶量提高3.8千克。

(五) 酶制剂

酶是活体细胞产生的具有特殊催化能力的蛋白质，是一种生物催化剂，对饲料养分消化起重要作用，可促进蛋白质、脂肪、淀粉和纤维素的水解，提高饲料利用率，促进动物生长。酶制剂主要包括淀粉酶、蛋白酶、脂肪酶、纤维素分解酶等。

(六) 活性菌（益生素）制剂

活性菌具有维持肠道菌群平衡、抗感染和提高免疫力、防治腹泻、提高饲料转化率、促进生长、消除环境恶臭、改善环境卫生的作用。常用的活性菌（益生素）制剂有乳酸菌、曲霉菌、酵母菌等。

(七) 饲料防霉剂

饲料防霉剂是指能降低饲料中微生物的数量、控制微生物的代谢和生长、抑制霉菌毒素的产生，预防饲料储藏期营养成分的损失，防止饲料发霉变质并延长储藏时间的饲料添加剂。

(八) 抗氧化剂

饲料中的油脂、脂溶性维生素、胡萝卜素及类胡萝卜素等在存放过程中，与空气中的氧气接触，易发生严重的自发氧化酸败，被氧化的这些成分之间还会相互作用，进一步导致多种成分的自动氧化，破坏脂溶性维生素及叶黄素，产生有毒的醛及酮等物质，产生哈喇味、褪色、褐变，轻则导致饲料品质下降，适口性变差，引起动物采食量下降、腹泻、肝肿大等危害，影响动物生长发育，重则造成中毒，甚至死亡事故。抗氧化剂可延缓或防止饲料中物质的这种自动氧化作用，因此在饲料中添加抗氧化剂是必不可少的。常用的抗氧化剂有可减少苜蓿草粉胡萝卜素损失的乙氧喹（山道喹），油脂抗氧化剂二丁基羟基甲苯（BHT）和丁基羟基茴香醚（BHA）。

（九）非蛋白氮

非蛋白氮（NPN）是指非蛋白质结构的含氮化合物，主要包括酰胺、氨基酸、铵盐、生物碱及苷类等含氮化合物。非蛋白氮在反刍家畜饲养中的利用已有几十年的历史。利用较广泛的是尿素，其他如双缩脲、三缩脲等，虽可溶性和分解比率比尿素低，毒性也比尿素弱，但价格比尿素高，故生产中应用不多。

（十）舔砖

舔砖又称块状复合添加剂，是将牛、羊所需的营养物质经科学配方加工成块状，供牛、羊舔食的一种饲料，其形状不一，有圆柱形、长方形、方形等。理论与实践均表明，补饲舔砖能明显改善牛、羊的健康状况，提高采食量和饲料利用率，加快生长速度，提高经济效益。20 世纪 80 年代以来，舔砖已广泛应用于 60 多个国家和地区，被农民亲切地称为“牛、羊的巧克力”。

舔砖完全是根据反刍动物喜爱舔食的习性而设计生产的，并在其中添加了反刍动物日常所需的矿物质元素、维生素、非蛋白氮、可溶性糖等易缺乏养分，能够为人工饲养的牛、羊等经济动物补充各种微量元素，从而预防反刍动物异食癖、母牛乳腺炎、蹄病、胎衣不下、产后奶水少、犊牛体弱生长慢等现象发生。随着我国养殖业的发展，舔砖也成为大多数集约化养殖场中必备的

高效添加剂，享有牛、羊“保健品”的美誉。

在我国，由于舔砖的生产处于初始阶段，技术落后，没有统一的标准。舔砖的种类很多，叫法各异，一般根据舔砖所含成分占其比例的多少来命名。舔砖以矿物质元素为主的叫复合矿物舔砖，以尿素为主的叫尿素营养舔砖，以糖蜜为主的叫糖蜜营养舔砖，以糖蜜和尿素为主的叫糖蜜尿素营养舔砖。在我国现有的营养舔砖中，大多含有尿素、糖蜜、矿物质元素等成分，一般叫复合营养舔砖。

舔盐砖的生产方法：配料、搅拌、压制成型、自然晾干、成品包装。配料由食盐、天然矿物质舔砖添加剂和水组成，天然矿物质舔盐砖含有钙、磷、钠和氯等常量元素以及铁、铜、锰、锌、硒等微量元素，能维持牛、羊等反刍家畜机体的电解质平衡，防治家畜矿物质营养缺乏症，如异食癖、白肌病、高产牛产后瘫痪、幼畜佝偻病、营养性贫血等，提高采食量和饲料利用率。可吊挂或放置在牛、羊等反刍家畜的食槽、水槽上方或休息的地方，供其自由舔食。

第三节　饲料的加工方法

一、精饲料的加工方法

精饲料加工的主要目的是便于牛咀嚼和反刍，提高养分的利用率，同时为合理和均匀搭配饲料提供方便。

（一）粉碎与压扁

精饲料最常用的加工方法是粉碎与压扁，但用于肉牛的日粮不宜过细。粗粉与细粉相比，粗粉可提高适口性，提高牛唾液分泌量，增加反刍，一般筛孔的孔径为3～6毫米。先将谷物用蒸汽加热到 120 ℃左右，再用压扁机压成厚度为 1 毫米的薄片，最后迅速干燥。由于压扁饲料中的淀粉经加热糊化，给牛饲喂时消化率明显提高。

（二）浸泡

豆类、油饼类、谷物等饲料相当坚硬，经浸泡后吸收水分，膨胀柔软，容易咀嚼，便于消化。浸泡方法：在池子或缸等容器中将饲料和水拌匀，一般料水比为 1：（1.0~1.5），即手握饲料指缝渗出水滴为宜，不需要任何温度条件。有些饲料中含有单宁、棉酚等有毒物质，并带有异味，经过浸泡后，毒素、异味均可减轻，从而提高适口性。

（三）肉牛饲料的过瘤胃保护技术

强度育肥的肉牛补充过瘤胃保护蛋白质、过瘤胃淀粉和过瘤胃脂肪能提高生产性能。

1. 热处理

通过加热可降低饲料蛋白质的降解率，但过度加热也会降低蛋白质的消化率，引起一些氨基酸、维生素的损失，所以应加热适度。一般认为，140 ℃左右烘焙 4 小时，或 130~145 ℃火烤 2 分钟较宜。有研究表明，加热以 150 ℃、45 分钟最好。

2. 化学处理

（1）甲醛处理。甲醛可与蛋白质分子的氨基、羟基、硫氢基发生基化反应而使其变性，免于瘤胃微生物降解。处理方法：饼粕经孔径为 2.5 毫米的筛孔粉碎，然后按每 100 克粗蛋白质搭配 0.6~0.7 克 36%甲醛溶液，用水稀释 20 倍后，以喷雾的方式与饼粕混合均匀，将其用塑料薄膜封闭 24 小时后打开薄膜，自然风干。

（2）锌处理。锌盐可沉淀部分蛋白质，从而降低饲料蛋白质瘤胃降解。处理方法：将硫酸锌溶解在水里，大豆粕、水、硫

酸锌的比例为1∶2∶0.03，拌匀后放置2~3小时，在50~60 ℃的条件下烘干。

(3) 鞣酸处理。用1%鞣酸均匀地喷洒在蛋白质饲料上，待混合后烘干。

(4) 过瘤胃保护脂肪。许多研究表明，直接添加脂肪对反刍动物效果不好，脂肪在瘤胃中干扰微生物的活动，降低纤维消化率，影响生产性能。所以，将添加的脂肪通过某种方法保护起来，形成过瘤胃保护脂肪，最常见的是脂肪酸钙产品。

二、秸秆饲料的加工方法

(一) 粉碎、铡短处理

秸秆经粉碎、铡短处理后，体积变小，便于牛采食和咀嚼，增加与瘤胃微生物的接触面积，可提高过瘤胃的速度，增加采食量。由于粉碎、铡短后的秸秆在瘤胃中停留时间缩短，养分来不及充分降解发酵便进入了皱胃和小肠，所以消化率并不能得到提高。

将秸秆粉碎和铡短后，肉牛的采食量可增长20%~30%，消化吸收的总养分增加，不仅可减少秸秆的浪费，而且可提高日增重20%左右；尤其在低精饲料饲养条件下，饲喂肉牛的效果更有明显改进。有研究表明，饲喂未铡短的秸秆，肉牛只能采食70%~80%，而铡碎的秸秆几乎可以全部利用。用于肉牛的秸秆饲料不提倡全部粉碎，一方面，粉碎会增加饲养成本；另一方面，粗饲料粉过细不利于肉牛的咀嚼和反刍。粉碎多用于精饲料加工，在肉牛的日粮中适当混入一些秸秆粉，可以提高其采食量。铡短是秸秆处理中常用的方法，但过长、过细都不好。一般在肉牛生产中，依据肉牛的年龄情况，铡短后的秸秆以2~4厘米为好。

（二）热喷与膨化处理

热喷和膨化秸秆能提高秸秆的消化利用率，但成本较高。

1. 热喷

热喷是近年来采用的一项新技术，主要设备为压力罐，其工艺是将秸秆送入压力罐内，通入饱和蒸汽，在一定压力下维持一段时间，然后突然降压喷爆。由于受热效应和机械效应的作用，秸秆被撕成乱麻状，秸秆结构重新分布，从而对粗纤维有降解作用。经热喷处理的鲜玉米秸秆，粗纤维含量由 30.5%下降到 0.14%；经热喷处理的干玉米秸秆，粗纤维含量由 33.4%下降到 27.5%。另外，将尿素、磷酸铵等工业氮源添加到各种秸秆上进行热喷处理，可使小麦秸秆的消化率达 75.12%、玉米秸秆的消化率达 88.02%、水稻秸秆的消化率达 64.42%。每千克热喷秸秆的营养价值相当于 0.6~0.7 千克玉米的营养价值。

2. 膨化

膨化需要专门的膨化机，其工艺是将含有一定量水分的秸秆放入密闭的膨化设备中，经过高温（200~300 ℃）、高压（1.5 兆帕以上）处理一定时间（5~20 秒）后迅速降压，秸秆膨胀，因组织遭到破坏而变得松软。原来紧紧包在纤维素外的木质素全部被撕裂，使秸秆变得易于消化。

（三）揉搓处理

揉搓处理秸秆比铡短处理秸秆又先进了一步。揉搓机正在逐步取代铡草机，如果能和秸秆的化学、生物处理相结合，效果会更好。

（四）制粒与压块处理

1. 制粒

制粒是将粉状饲料原料或粉状饲料经过水、热调制并通过机械压缩且强制通过模孔而聚合成型的过程。颗粒料质地硬脆、大

小适中、便于咀嚼，可改善适口性，从而提高采食量和生产性能，减少了秸秆的浪费。在国外，秸秆经粉碎后制粒是很普遍的。在我国，随着秸秆饲料颗粒化成套设备相继问世，颗粒饲料已开始在肉牛生产中应用。肉牛的颗粒料以直径6~8毫米为宜。

2. 压块

秸秆压块能最大限度地保存秸秆的营养成分，减少养分流失。经压块处理后的秸秆密度提高、体积缩小，便于储藏和运输，运输成本降低70%；给饲方便，便于机械化操作。秸秆经高温高压挤压后，秸秆的纤维结构遭到破坏，粗纤维的消化率提高25%。在压块的同时可以添加复合化学处理剂，如尿素、石灰、膨润土等，可使粗蛋白质含量提高到8%~12%、秸秆消化率提高到60%。

(五) 秸秆碾青

秸秆碾青是将干秸秆铺在打谷场上，秸秆厚约0.33米，上面再铺厚约0.33米的青牧草，牧草上面铺相同厚度的秸秆，然后用磙子碾轧，流出的牧草汁被干秸秆吸收。被压扁的牧草可在短时间内晒制成干草，茎、叶干燥速度一致，叶片脱落损失减少，而且秸秆的适口性和营养价值提高，可谓一举两得。

(六) 氨化处理

秸秆中含氮量低，秸秆氨化处理时与氨相遇，其有机物就与氨发生氨解反应，破坏木质素-半纤维素-纤维素的复合结构，使纤维素与半纤维素释放出来，被微生物及酶分解利用。氨是一种弱碱，氨化处理可使木质化纤维膨胀，增大空隙度，提高渗透性。氨化处理能使秸秆含氮量增加1.0~1.5倍，能较大提高肉牛对秸秆的采食量和消化率。

1. 材料选择

将清洁、未霉变的小麦秸秆、玉米秸秆、水稻秸秆等铡短至

2~3厘米。市售通用液氨由氨瓶或氨罐装运。市售工业氨水应无毒、无杂质，含氨量为15%~17%，用密闭容器（如胶皮口袋、塑料桶、陶瓷罐等）装运。市售含氨量为46%的农用尿素用塑料袋密封包装。

2. 处理方法

氨化处理方法有多种：使用液氨的堆贮法适于大批量生产；使用氨水和尿素的窖贮法适于中、小规模生产；使用尿素的小垛法、缸贮法、袋贮法适合农户少量制作。近年还出现了加热氨化池氨化法、氨化炉氨化法等。

3. 氨化时间

氨化时间应根据气温和秸秆颜色来确定。环境温度为30 ℃以上，需要7天；环境温度为15~30 ℃，需要7~28天；环境温度为5~15 ℃，需要28~56天；环境温度为5 ℃以下，需要56天以上。秸秆颜色变为褐黄色即可。

4. 开封放氨

一般经过2~5天自然通风，可将氨味全部放掉。当氨化的秸秆有煳香味时才能饲喂。如暂时不喂，可不必开封放氨。

5. 饲喂

开始喂时，应遵循由少到多、少给勤添、合理搭配精饲料（玉米、小麦麸、糟渣、饼类）的原则。先与谷草、青干草等搭配饲喂，1周后即可全部喂氨化秸秆。

6. 氨化品质鉴定

好的氨化秸秆的颜色呈棕色或深黄色，发亮，气味煳香；若质地柔软疏松、发白，甚至发黑、发黏、结块，有腐臭味，开垛后温度继续升高，表明秸秆霉坏，不可饲喂。

（七）“三化”复合处理

秸秆“三化”复合处理技术发挥了氨化、碱化、盐化的综

合作用，弥补了氨化成本过高、碱化不易久储、盐化效果欠佳等单一处理方式的缺陷。“三化”处理后，各类纤维含量都有不同程度的降低，干物质瘤胃降解率提高，肉牛日增重提高，处理成本降低。

此方法适合窖贮（土窖、水泥窖均可），将尿素、生石灰粉、食盐按比例放入水中，充分搅拌溶解，使之成为混浊液，喷洒到待处理的秸秆上。

（八）秸秆微贮

秸秆微贮饲料就是在农作物秸秆中加入微生物高效活性菌种——秸秆发酵活干菌，放入密封的容器（如水泥窖、土窖）中储藏。经过一定时间的发酵，使农作物变成具有酸香味、肉牛喜食的饲料。

1. 窖的建造

秸秆微贮所用的窖和青贮窖相似，也可选用青贮窖。

2. 秸秆的准备

应选择无霉变的新鲜秸秆，将小麦秸秆铡短为 2.5 厘米左右、玉米秸秆铡短为 1 厘米左右或粉碎（孔径为 2 厘米的筛片）。

3. 复活菌种并配制菌液

根据当天预计处理秸秆的重量，计算所需菌剂的数量并进行配制。

（1）菌种的复活。每袋秸秆发酵活干菌为 3 克，可处理小麦秸秆、水稻秸秆、玉米干秸秆或青料 2 000千克。在处理秸秆前，先将袋子剪开，将菌剂倒入 2 千克水中，充分溶解；然后在常温下放置 1~2 小时，使菌种复活，复活好的菌剂一定要当天用完。

（2）菌液的配制。将复活好的菌剂倒入充分溶解的 0.8%~1.0%食盐水中，混合均匀后喷洒。

4. 装窖

如果使用土窖，应先在窖底和四周铺上一层塑料薄膜，在窖底铺放厚度为20厘米的秸秆，均匀喷洒菌液，待压实后再铺厚度为20厘米的秸秆，再次均匀喷洒菌液后压实。若使用大型窖，要采用机械化作业，用拖拉机压实，用潜水泵喷洒菌液。潜水泵的扬程为20~50米，流量以每分钟30~50升为宜。在操作中要随时检查秸秆的含水量是否合适，层与层之间不要出现夹层。检查方法：用力握攥秸秆，指缝间有水但不滴下，含水量为60%~70%最为理想。

5. 加入精饲料辅料

在微贮小麦秸秆和水稻秸秆时，加入0.3%左右的玉米粉、麸皮或大麦粉，以利于发酵初期菌种生长，提高微贮秸秆的质量。加精饲料辅料时，应铺一层秸秆，撒一层精饲料辅料，再喷洒菌液。

6. 封窖

秸秆分层压实直到高出窖口100~150厘米，再次充分压实后，在最上面一层均匀地撒上食盐，压实后盖上塑料薄膜。食盐的用量为250克/米^2，其目的是确保微贮饲料上部不发生霉烂变质。盖上塑料薄膜后，在上面撒上厚度为20~30厘米的秸秆，覆土20厘米以上，密封微贮窖。密封的目的是隔绝空气，保证微贮窖内呈厌氧状态。在窖边挖排水沟，防止雨水积聚。当窖内贮料下沉后，应随时加土，使之高出地面。

7. 秸秆微贮饲料的质量鉴定

可根据微贮饲料的外部特征，用看、嗅和摸的方法鉴定微贮饲料的好坏。一是看颜色。优质的玉米秸秆微贮饲料的色泽呈橄榄绿色，水稻、小麦微贮秸秆呈金黄褐色，如果变成褐色或墨绿色则质量较差。二是闻气味。优质的秸秆微贮饲料具有醇香和果香气味，并具有弱酸味。若有强酸味，表明醋酸较多，这是由水分过多和高温发酵造成的。若有腐臭味、发霉味，则不能饲喂。

三是凭手摸。优质的秸秆微贮饲料拿到手里是很松散的，质地柔软、湿润。若拿到手里发黏说明质量不佳。有的虽然松散，但干燥且粗硬，也属于不好的饲料。

8. 秸秆微贮饲料的取用与饲喂

根据气温情况，秸秆微贮饲料一般需在窖内储藏 21～45 天才能取用与饲喂。开窖时，应从窖的一端开始，先去掉上面覆盖的部分土层、草层，然后揭开塑料薄膜，从上到下垂直逐段取用。每次取出的量应以白天喂完为宜，坚持每天取料，每层所取的料不应少于 15 厘米。每次取完后，要用塑料薄膜将窖口密封，尽量避免与空气接触，以防止二次发酵和变质。

第四节　肉牛饲料的配制

一、配合饲料的配制

（一）配合饲料的概念

配合饲料是指根据肉牛的不同生长阶段、不同生理要求、不同生产用途的营养需要，以饲料营养价值评定的实验和研究为基础，按科学配方把不同来源的饲料依一定比例均匀混合，并按规定的工艺流程生产的饲料。

肉牛主要食用粗饲料，但粗饲料不能满足肉牛必需的全部营养需要，需要补饲精饲料和矿物质饲料，精饲料营养全面与否，直接影响到肉牛生长发育和育肥。因此，必须按照肉牛饲养标准科学配比，使配合饲料所含营养物质能够均衡。肉牛养殖日粮成本占整个饲养成本的 60%以上，所以配合饲料是否合理直接关系到肉牛的健康、生产性能的发挥及肉牛养殖的经济效益。

（二）配合饲料的配制原则

配制配合饲料，要掌握以下基本原则。

（1）配合饲料中所含营养物质必须达到肉牛各阶段的营养需要。由于各种饲料原料来源丰富，最好就地取材，能够节约饲料成本。

（2）配合饲料要以粗饲料为主，精饲料只用于补充粗饲料所欠缺的能量和蛋白质，将日粮的营养浓度控制在合理水平。

（3）配合饲料的组成要尽可能多样化，使能量、蛋白质、矿物质、维生素等更全面，以提高日粮的适口性和互补性。

（4）要保证肉牛每顿吃饱并且不剩料，提高日粮转化率，绝不能饲喂肉牛发霉变质饲料。

（5）微量（常量）元素、维生素添加剂一般不能自己配制，需在正规生产厂家购买，按照产品说明在保质期内使用，严禁使用“三无”产品。

（6）保证安全卫生，配合饲料所用原料和添加剂要符合国家标准，严禁添加国家禁止使用的添加剂、性激素、蛋白质同化激素类、精神药品类、抗生素滤渣和其他药物，国家允许使用的添加剂和药物要严格按照规定添加。

（三）配合饲料的分类

配合饲料，按营养成分和用途分为混合饲料、预混合饲料、精饲料补充料、浓缩饲料和全价配合饲料。

1. 混合饲料

混合饲料是将几种饲料原料经过简单加工混合制成的初级配合饲料，只考虑能量、蛋白质、钙、磷等营养指标，许多农区及农牧结合区的肉牛养殖散户经常自己配制混合饲料，粗饲料以玉米秸秆及水稻秸秆为主，能量饲料主要是玉米、高粱、大麦等原料，占精饲料的60%~70%。蛋白质饲料主要包括大豆粕、棉籽粕、花生饼等，占精饲料的20%~25%。矿物质饲料包括食盐、小苏打、微量（常量）元素、维生素添加剂，用于直接饲喂肉

牛。优点是就地取材方便、饲料成本低，但肉牛饲养育肥效果不理想。

2. 预混合饲料

预混合饲料是指由一种或多种添加剂原料与载体或稀释剂搅拌均匀的混合物，又称添加剂预混料或预混料。预混合饲料是浓缩饲料和全价配合饲料的重要组成成分，因其含有微量活性组分，在配合饲料饲用效果方面起决定因素，可视为配合饲料的核心。一般预混合饲料的添加比例为混合精饲料的1%或更高，以保证其微量成分在最终产品中的均匀分布。预混合饲料不能直接饲喂肉牛。

3. 精饲料补充料

精饲料补充料是为肉牛等草食动物配制生产的专用饲料，它由能量饲料、蛋白质饲料、矿物质饲料及添加剂预混合饲料组成。肉牛在采食饲草及青贮饲料时往往蛋白质和能量吸收不足，满足不了肉牛生长的营养需要，给予适量的精饲料补充料可以补充粗饲料中所缺乏的营养物质，全面满足肉牛的营养需要。

4. 浓缩饲料

浓缩饲料主要是平衡以粗饲料为主喂牛时蛋白质缺乏的问题，主要由蛋白质饲料、矿物质饲料和添加剂预混合饲料 3 个部分构成。通常是全价配合饲料中除去能量饲料的剩余部分，它一般占全价配合饲料的 20%~40%，这种饲料也不能直接饲喂肉牛，要按说明书加入适当的能量饲料组成全价配合饲料才可喂牛。适合牧区和边远山区购买使用，以提高饲料报酬和经济效益。

5. 全价配合饲料

全价配合饲料又称为完全配合饲料，全价配合饲料配制要将粗饲料，如秸秆、干草等按要求粉碎，按照日粮配方加入能量饲料、蛋白质饲料、矿物质饲料以及添加剂预混合饲料，经过科学加工，混合均匀压制成颗粒饲料。这种饲料可以全面满足肉牛的营养需要，肉牛除饮水外不必另外添加任何其他营养性饲用物质就可以直接饲喂，优点是营养均衡，缺点是饲料成本较高。

肉牛养殖场户可以根据自身情况设定饲养目标，根据饲养规模以及周边饲料资源来选择适合自己的配合饲料制作方法。

二、全混合日粮的制作

（一）全混合日粮的概念

全混合日粮（total mixed ration，TMR）是指根据肉牛不同生长发育阶段的营养需要和饲养方案，用特制的搅拌机将适当长度的粗饲料、精饲料、矿物质饲料、维生素和其他添加剂等成分，按照日粮配方要求进行充分混合，得到的一种精粗比例稳定、营养相对平衡的日粮。例如，将优质干草（苜蓿、羊草粉）15%~20%、青贮饲料25%~35%、多汁饲料20%、精饲料30%~40%，通过TMR日粮搅拌机充分混合之后所得到的日粮就叫作TMR日粮。目前，该技术在规模化奶牛场非常普及，规模化肉牛场也已经开始应用这项技术。

（二）TMR日粮的优点

TMR日粮可以使精、粗饲料均匀混合，营养均衡、适口性好，避免肉牛挑食，提高其采食量和生产性能，维持肉牛瘤胃pH值稳定，防止瘤胃酸中毒。如果肉牛单独采食过多精饲料，瘤胃内会产生大量的酸，而采食有效纤维能刺激唾液的分泌，降低瘤胃酸度。采用TMR日粮后就能保证肉牛均匀采食精、粗饲料，有利于瘤胃健康。

（三）TMR设备类型及容积选择

TMR设备分为固定式和移动式，根据牛舍结构和道路选择

设备类型。按搅拌轴类型，TMR 设备分为卧式和立式两种。卧式适用于比重较大、较松散、含水量低的小批量物料的混合，长干草比例不超过 20%，若大量使用长干草时，需先破捆和预揉碎。立式以锥螺旋结构为主，适合含水量较高、黏附性好的物料混合，对长干草适应性好，切碎能力强。

根据牧场规模选择 TMR 设备的箱体容积，选择时的考虑因素主要有牛场的建筑结构、喂料道的宽窄、牛舍高度和牛舍入口、牛群大小、架子牛体重、日粮种类、每天的饲喂次数以及 TMR 充满度等。

(四) 全混合日粮的制作

1. 原料准备

注意原料品质和安全性，了解饲料原料来源及市场行情。青贮饲料要严格控制青贮原料的水分，原料含糖量要高于 3%，切碎长度以 2~4 厘米较为适宜；干草类粗饲料要粉碎，长度以 3~4 厘米为宜；糟渣类水分控制在 65%~80%；精饲料补充料可直接购入或自行加工。原料进场应进行验收，查验检测报告，定期抽样送检。肉牛养殖中禁止使用动物源性饲料，外购精饲料补充料、浓缩饲料、预混合饲料和全价配合饲料时都应对营养成分、是否含有动物源性及其有毒有害物质进行检测。

2. 饲料原料的搅拌及添加

卧式搅拌车遵循先干后湿、先精后粗、先轻后重的原则，添加顺序为精饲料、干草、全棉籽、青贮、湿糟类；立式搅拌车将精饲料和干草添加顺序颠倒即可，添加过程中要防止操作环境中的杂质混入搅拌车。

3. 搅拌方式及时间

按照原料添加顺序边加料边搅拌，不同原料的适宜搅拌时间不同，原则上应确保搅拌后 TMR 日粮中至少 20%的粗饲料长度大于 3.5 厘米，最后一种饲料加入后再搅拌 5 分钟，整个工作总用时 25~40 分钟，避免过度搅拌。

按照原料含水量、饲喂季节和投喂次数调整水分。冬季水分要求在 45%左右，夏季可在 45%~55%，含水量不足时可加水调整。

（五）TMR 配方设计原则

根据肉牛营养需要、饲料原料的营养价值、环境温度、饲料品质和加工方法等因素的影响，设计符合实际情况的 TMR 配方。

1. 适口性和饱腹感

肉牛日粮配制时必须考虑饲料原料的适口性，确保肉牛的采食量。同时要兼顾肉牛是否能够有饱腹感，满足肉牛最大干物质采食量的需要。

2. 营养需求

肉牛 TMR 日粮的配制要符合《肉牛饲养标准》（NY/T 815—2004），喂量可高出饲养标准 1%~2%。

3. 精粗比例

肉牛 TMR 日粮精、粗饲料比例根据粗饲料的品质和肉牛生理阶段以及育肥期不同而有所区别。应确保中性洗涤纤维（NDF）占日粮干物质的 28%，其中粗饲料 NDF 占日粮干物质的 20%以上、酸性洗涤纤维（ADF）占日粮的 18%以上。

（六）TMR 质量评价

1. 外观评价法

精、粗饲料混合均匀，应保持新鲜，质地柔软不结块，不发热、无异味、无杂物，水分最佳含量为 35%~45%，过低或过高都会影响肉牛的干物质采食量。检查日粮含水量，可以将饲料放在手心里抓紧后再松开，日粮松散不分离、不结块，没有水滴渗出，表明水分适宜。另外，要注意每天剩料不超过 3%。

2. 宾州筛过滤法

宾州筛由 3 个叠加式的筛子和底盘组成，用来检查搅拌设备运转是否正常，搅拌时间、上料顺序是否科学等。各层应根据日粮组分、精饲料种类、加工方法、饲养管理条件等保持比例。

（七）投喂方法

1. TMR 搅拌车

TMR 设备具有自动抓取、称量、粉碎、搅拌的功能，先用 TMR 搅拌车将各种原料混合好，根据不同规模肉牛场的牛舍建筑结构、成本考虑，再用牵引车或农用车转运至牛舍饲喂，但应尽量减少转运次数。

2. TMR 撒料车

使用牵引式或自走式 TMR 撒料车投喂，或使用全混合日粮车投料，车速要限制在 20 千米/时，控制放料速度，保证饲草饲料投放均匀，对于过道较窄的老式牛舍，撒料车不能直接进入，建议选择固定式撒料装置。

3. 饲喂时间

应确保饲料新鲜，一般每日投料两次，可按照早晚 5：5 或 6：4的比例进行投喂。夏季高温、潮湿天气可增加 1 次，冬季可减少 1 次。增加饲喂次数不能增加干物质采食量，但可提高饲料利用效率，所以在两次投料间隔期间要翻料 2~3 次。

4. 饲料与管理

原料应保证优质、营养丰富；混合好的饲料应保持新鲜，发热、发霉的剩料应及时清出并给予补饲；肉牛采食完饲料后，应及时将食槽清理干净并给予充足、清洁的饮水。

第六章　肉牛的饲养管理

第一节　繁殖母牛的饲养管理

一、妊娠母牛的饲养管理

母牛妊娠后，不仅自身生长发育需要营养，而且要满足胎儿生长发育的营养需要和为产后泌乳储积营养。

（一）妊娠母牛的饲养

1. 妊娠前期（从受胎到怀孕12周）

这一时期由于胎儿生长发育较慢，其营养需求较少，一般按空怀母牛进行饲养，以优质青、粗饲料为主，适当搭配少量精饲料，每头每天精饲料用量可控制在1.0~1.5千克。保证中上等膘情，不可过肥。

2. 妊娠中期（13~26周龄）

这一时期的重点工作就是保证胎儿发育所需的营养，但是要防止母牛过肥和难产的发生。可以适当地增加精料饲喂量，每天每头1~2千克精料。以牛体况作为标准，采食量应占体重的1.5%~2.0%，如果粗饲料质量较好，精饲料用量控制在每天每头约1.5千克即可；如果粗饲料品质较差，则需要适当地将精饲料用量提高到每头每天2~3千克。

3. 妊娠后期（27~38周龄）

妊娠最后3个月是胎儿增重最多的时期，胎儿生长发育速度

较快，需要从母体吸收大量营养。由于胎儿的快速增长，占据了母牛腹腔大部分空间，导致瘤胃可容纳食物的空间相对减少了，因此，这一时期，需要给母牛提供营养全价，维生素、微量元素含量丰富的日粮。母牛分娩前，一般至少要增重 45～70 千克，才能保证产犊后的正常泌乳与发情，所以母牛日粮中精饲料占比应为 25%～30%，粗饲料以优质青贮、青干草为主。妊娠最后 2 个月，母牛的营养直接影响着胎儿生长和本身营养储积，如果此期营养缺乏，容易造成犊牛初生重低、母牛体弱和产奶量不足，严重缺乏营养还会造成母牛流产。所以这一时期要加强营养，但不应将母牛喂得过肥，以免影响分娩。

（二）妊娠母牛的管理

妊娠母牛应做好保胎工作，要防止母牛过度劳役、挤撞、猛跑而造成流产、早产。妊娠后期的母牛应同其他牛群分别组群，单独放牧在附近的草场，并且不要鞭打、驱赶母牛，不要在有露水的草场上放牧。每天至少刷拭牛体 1 次，以保持牛体清洁。饮水自由，不可以饮用脏水、冰水，水温最好保持在 12～14 ℃。在饲料条件较好时，应避免过肥和运动不足。充足的运动可增强母牛体质，促进胎儿生长发育，并可防止难产，舍饲妊娠母牛应该保持每天运动 2 小时左右。临产前应注意观察，做好接产准备工作，保证安全分娩。

二、围产期母牛的饲养管理

围产期指母牛分娩前 15 天到分娩后 15 天。在此期间，母牛生理变化较大，胎儿增重快，所以在饲养上要注意调整，加强围产期的饲养管理，对增进临产前的母牛、分娩后的母牛及新生犊牛健康都很重要。

（一）围产期母牛的饲养

1. 围产前期（产前半个月至分娩）

这一时期要根据母牛体况、膘情与乳房膨胀情况，减少精饲料饲喂量，尽量饲喂优质干草。产前7天，减少精饲料中食盐含量，不要饲喂小苏打等缓冲剂，仍然要适当减少精饲料饲喂量。注意不要将母牛饲喂得过于肥胖，否则容易患酮病。母牛分娩前1~2天食欲下降，注意提供适口性好的优质粗饲料，同时注意维生素的补入。建议这一时期的母牛可以饲喂较正规饲料厂家生产的围产期专用料，可以保证骨钙的吸收，预防各种产后病症的发生。

2. 围产后期（产后半个月）

母牛分娩的最初几天，身体虚弱，消化机能差，尚处于身体恢复阶段，要注意控制精饲料与多汁饲料供给量。这一时期如果营养过于丰富，特别是精饲料量过多，可引起母牛食欲下降，消化失调，易加重乳房水肿或乳腺炎，还可能因为钙、磷代谢失调而患产褥感染。体弱母牛要求产后3天内只喂优质干草和少量以小麦麸为主的易消化的精饲料，4天后喂给适量的精饲料和多汁饲料。根据母牛乳房和消化系统的恢复状况适当增加精饲料喂量，每天不超过1千克，待乳房水肿完全消失后可增至正常，如果发现母牛不适就及时调整喂量。母牛产后一周内最好饮用温水，温度控制在37 ℃。

（二）围产期母牛的管理

围产前期，将母牛转入产房饲养，自由活动。产房用2%火碱消毒，保持卫生干燥、冬暖夏凉、无贼风，牛床保持清洁干燥。冬季寒冷地区的产房环境要保持舒适、干燥、明亮、垫厚草。产房要有专人昼夜值班，分娩前注意观察分娩预兆，做好接产准备。分娩时，注意卫生操作，正确接产。产后注意监护，让

母牛充分休息。

三、哺乳母牛的饲养管理

（一）哺乳母牛的饲养

母牛分娩3周后，泌乳量迅速增加，此时对能量、蛋白质、钙、磷的需要量有所增加，所以要增加精饲料的用量，日粮粗蛋白质含量以10%~11%为宜，并提供优质粗饲料，饲料要多样化，一般精、粗饲料由3~4种组成，并大量饲喂青绿、多汁饲料。要保证粗饲料的品质，以秸秆为主时，应多喂胡萝卜等含胡萝卜素较多的饲料，或在日粮中每头每天添加维生素A 1 200~1 600国际单位。分娩3个月后，母牛的产奶量下降，这个时期要适当减少精饲料的喂量，防止母牛过肥。

（二）哺乳母牛的管理

每天应擦洗母牛乳房，保持其清洁，因为肉用犊牛一般是自然哺乳，而牛有趴卧的习惯，容易使乳房变脏，如不定时清洗，很容易使犊牛感染病原微生物而导致腹泻。对于母牛泌乳性能较好的肉牛品种，可以采取母带犊自然哺乳饲养方式，给牛增设补饲槽。在整个饲养期，变换饲料时不宜太突然，一般要有7~10天的过渡期，不喂发霉、腐败、含有残余农药的饲料，并注意清除混入草料中的铁钉、金属丝、铁片、玻璃等异物。同时为避免产奶量急剧下降，要加强运动，每天应刷拭牛体，给足饮水。对于舍饲哺乳母牛，若母牛恢复情况良好，可以放回原群饲养。对于放牧哺乳母牛，放牧归来后还要补饲食盐。母牛从舍饲转到放牧要逐步过渡，每天放牧时间从2小时逐渐增加至12小时。但切记不要在有露水的草场上放牧，也要注意防止母牛采食大量易产生气体的豆科牧草，导致氢氰酸中毒和瘤胃臌气。

第二节　种公牛的饲养管理

优秀种公牛对改良和提高整个牛群质量起着至关重要的作用。公牛早期培育和饲养管理不当，会造成公牛种用价值的降低，严重时还会丧失种用价值，造成较大的损失。

一、种公牛的生理特性

（1）有很强的记忆能力，对周围事物和人能记清楚。因此，种公牛应指定专人负责，不要随便更换。

（2）有较强的自卫性。当陌生人和它接近时，立即表现出要对来者进攻的架势，要求专人看护，通过长期接触培养感情。

（3）性反射强，采精、勃起、爬跨及射精反射都很快。长期不采精或不配种，容易出现顶人的恶癖或者形成自淫的毛病。

二、种公牛的饲养

（一）日粮组成

日粮应由精饲料、优质青干草和少量的块根块茎类饲料组成。按 100 千克体重计算，每天喂给 1.0~1.5 千克青干草或 3~4 千克青草、1.0~1.5 千克块根饲料、0.8~1.0 千克青贮料、0.5~0.7 千克精料。另外，注意微量元素和维生素的供给。日粮分 3 次饲喂，定时定量，自由饮水。饲料应易于消化，其容积不能过大。

（二）控制膘情

中等膘情的种公牛精液质量较好，为了控制膘情，最好每日都对种公牛称重 1 次，并根据称重结果及时调整日粮配方。

三、种公牛的管理

(一) 单独饲养

成年种公牛单栏饲喂，面积不少于40米^2，不得使用暴力行为对待种公牛，有攻击恶癖的要拴系饲养，防止脱缰导致伤人或发生公牛间角斗而造成伤亡。

(二) 定期称重

每隔2月称重一次，根据体重调节饲料喂量，以免过瘦或过肥。

(三) 适当运动

拴系饲养时每天应运动2~3小时，运动形式有直线往复运动、转盘式运动、驱赶运动和简单的使役。种公牛3岁前原则上采取自由运动方式，对3岁后或较懒惰的种公牛要采取强制运动，保证种公牛健康，提高精子活力。驱赶运动每次在1.5~2.0小时，距离4~5千米，强度以出现微汗为宜。

(四) 合理刷拭

每天定时（8:00、15:00）给种公牛刷拭身体，刷拭的重要部位是角间、额部、颈部、尾根部等。刷拭顺序：先从一侧腰背开始刷拭，然后到腹部、肩部、颈部、臀部、尾巴、四肢及蹄部，最后再刷拭头部。刷拭要轻柔细致以清除污垢、减少刺痒。每头牛刷拭时间不少于10分钟，同时按摩睾丸。冷天干刷，夏季淋浴。

(五) 及时修蹄

随时注意公牛肢蹄有无异常，定期对种公牛肢蹄进行检查护理，经常保持蹄壁和蹄叉的清洁卫生，经常用硫酸铜泡蹄，严防发生腐蹄病、蹄叶炎等肢蹄病。每年春、秋季各削蹄1次，蹄形不正要随时修正。

（六）合理调训

自繁种公牛哺乳时间不少于180天。拴系种公牛出生后6个月戴笼头，8月龄起穿戴鼻环，以便于控制。使用统一口令调训，并开始牵引，以增加人牛亲和力。饲养人员不宜频繁更换，最好做到“三定”（定人、定时、定量）工作。

（七）定期消毒

每周对牛舍带牛消毒一次，15天对牛舍及生产区彻底消毒一次。异常天气过后要立即消毒。消毒药剂用3种轮换使用。

第三节　犊牛的饲养管理

犊牛是指出生至断奶前这段时间的小牛。犊牛处于高强度的生长发育阶段，因此必须饲喂较高营养水平的日粮，并且饲养管理得当，才能使肉用犊牛的潜在发育性能得到充分表现。

一、初生犊牛的饲养管理

（一）初生犊牛的饲养

初乳是母牛分娩后第一天分泌的乳汁，其色深黄而黏稠，奶油状。初乳没有很高的营养价值，成分和常乳差别很大。但初乳中含有大量的免疫球蛋白，具有抑制和杀死多种病原微生物的功能，使犊牛获得免疫力；初乳含有较多的镁盐，比常乳高1倍，有轻泻性，可促进胎粪的排出；初乳的酸度较高，使胃液变为酸性，能抑制有害细菌的繁殖。

犊牛出生后，应尽快让其吃到初乳。初乳的饲喂量占犊牛体重的10%，一般1小时内一次性灌服4升优质的初乳，12小时内再饲喂2升，直至24小时后开始饲喂其他母牛的牛乳或正规厂家生产的代乳品。肉用犊牛通常是随母牛自然哺乳。犊牛出生

后，擦干或由母牛舔干犊牛身体，约在出生后30分钟帮助犊牛站起，引导犊牛接近母牛乳房，若有困难，需人工辅助哺乳。若实行人工挤乳，应及时及早挤乳喂给犊牛，不然就会影响其健康和发育。若母牛产后患病或死亡，可由同期分娩的其他健康母牛代哺初乳，即保姆牛法哺乳。在没有同期母牛初乳的情况下，也可饲喂常乳，但每千克常乳中需加5~10毫克青霉素或等效的其他抑菌素、2~3枚鸡蛋、4毫升鱼肝油配成人工初乳代替，还需另喂蓖麻油50~100毫升，以代替初乳的轻泻作用。

（二）初生犊牛的管理

1. 初生护理

犊牛从出生至第7天称为初生期。犊牛出生后，首先用干净的毛巾拭去犊牛鼻孔和口腔中的黏液，确保新生犊牛的呼吸顺畅，若发现新生犊牛不呼吸，可用一根干净水稻秸秆或手指插入鼻孔5厘米，搔痒使其呼吸，若此办法不见效，可倒提犊牛，轻轻拍打胸部，使黏液流出。犊牛的脐带通常情况会被自然扯断，未被扯断时，用消毒剪刀在离腹部10~12厘米处将脐带剪断，将滞留在脐带内的血液和黏液挤净，并用5%的碘酒浸泡消毒。犊牛出生后两天要检查其脐带是否有感染，正常犊牛脐部周围柔软，如发现犊牛脐部红肿并有触痛感，即脐带感染，应立即进行处理，否则脐带感染可能发展为败血症，引起犊牛死亡。

2. 称重、编号

犊牛出生后第一次哺乳前，应称重。为了便于牛的管理，要对出生后的犊牛进行编号。生产上应用比较广泛的是耳标法和打耳号法。耳标可以用塑料或金属材质，先在上面打上号或用不褪色的彩色笔写上号码，然后固定在牛的耳朵上，也可以用电烙编号和冷冻编号。

二、哺乳期犊牛的饲养管理

(一) 哺乳期犊牛的饲养

1. 犊牛哺乳

一般情况下，肉用犊牛随母牛自然哺乳，犊牛跟着母牛，让其自由采食。有些母牛由于初产或产后疾病，造成泌乳量减少或没有时，就需要及时采取补救措施。出生后 1 个月之内母乳不足时，在哺母乳的同时应哺人工乳，并逐渐用人工乳代替母乳；出生后 1 个月以后母乳不足时，可完全用人工乳饲喂，5 周龄内日喂 3 次，6 周龄以后日喂 2 次。

人工哺乳时，每次喂奶之后用毛巾将犊牛口、鼻周围残留的乳汁擦净，以防形成舐癖。也可以选用健康、产奶量中下等的产奶牛作为保姆牛，犊牛和保姆牛分栏饲养，每日定时哺乳 2 次。

自然哺乳的前半期（90 日龄前），肉用犊牛的日增重与母乳的量和质关系密切，母牛泌乳性能较好，犊牛日增重可达到 0.5 千克以上；在后半期，犊牛可采食草料，逐渐代替母乳，减少对母乳的依赖程度，日增重应达 0.7~1.0 千克。若达不到以上标准，应增加母牛的补料量。

此外，要保障犊牛充足的饮用水，水温保持在 36~37 ℃；1 月龄以后可以在运动场内设置水槽，保证犊牛饮用常温水。

2. 犊牛补饲

为了促进犊牛瘤胃尽早发育，可用犊牛补饲槽，犊牛出生后 1~2 周，就可给予一定量的含优质蛋白质的精饲料和优质干草，这不仅有利于提高日增重，而且还有利于断奶。特别是杂交犊牛，其初生体形大，本地母牛的母乳不能满足营养需要，导致杂交犊牛的生长发育受阻，更应及早补饲。训练犊牛采食精饲料时，可采用正规厂家生产的犊牛开口料，到 1 月龄可喂到 200~

300克，2月龄可增至500~700克，3月龄时可增至750~1 000克。刚开始训练犊牛采食干草时，可在犊牛笼的草架上添加一些柔软优质的干草让犊牛自由采食，青贮饲料在8周前不宜多喂，可以补给少量切碎的胡萝卜等块根块茎类饲料，补饲后期可饲喂大量优质青干草、青贮饲料。犊牛出生后8周内严禁喂尿素，另外，在饲喂粗饲料过程中应选择干净、柔软的饲料，有条件的最好随母牛放牧。在正常情况下，通过补饲的改良犊牛一般在6月龄断乳时体重可达160~170千克，日增重0.7~0.8千克。

（二）哺乳期犊牛的管理

1. 防寒

冬季天气寒冷，特别是在北部高寒地区，气温低、风大，应注意犊牛舍的保暖，防止贼风和穿堂风侵入，犊牛栏内要铺柔软干净的垫草，保持舍温在0 ℃以上。

2. 去角

一般在犊牛出生10天后去角，尤其是作为育肥用的犊牛，去角后便于管理，防止相互间角斗。常用的去角方法有电烙法和氢氧化钠法两种。

3. 运动

加强运动，以促进其采食量增加和户外阳光照射，增加犊牛对疾病的抵抗能力，使其健康生长。7~10日龄舍饲犊牛，可在运动场短时间运动，开始时0.5~1.0小时，以后逐渐延长运动时间。运动时间的长短应根据气候及犊牛日龄来掌握，如果犊牛出生的季节比较温暖，开始运动的时间可以早一些；如果犊牛在寒冷季节出生，则运动的时间可以晚一些。但在酷热天气，午间应避免太阳直接暴晒，以免中暑。此外，雨天不要让1月龄以下的犊牛到舍外活动。放牧饲养的犊牛从出生后3周到1个月开始放牧，放牧时要避免环境和饲养方法的急速改变。放牧前1周左右应将牛群赶到户外，使之增加对外界的适应能力，同时加强运动。犊牛过度放牧会使其能量消耗过大而影响增重，一般每天以3~4千米为好。

4. 饮水

每天为犊牛提供充足洁净的饮水，在冬季以温热的饮水为佳，不能饮用冰水，以免造成腹泻。

5. 刷拭

犊牛皮肤易被粪便及尘土黏附而形成皮垢，这样不仅降低了皮毛的保温与散热功能，而且使皮肤血液循环不良，还可造成犊牛舔食皮毛的恶习，增加患病的风险。坚持每天刷拭皮肤1~2次，不仅能保持牛体清洁，而且能使其养成温驯的性格。

6. 卫生

犊牛舍每天进行清扫，保证圈舍通风、干燥、清洁、阳光充足。对补饲槽及饮水器具应定期消毒，犊牛料要少喂勤添，以保证饲料新鲜、卫生。

三、断奶期犊牛的饲养管理

（一）断奶期犊牛的饲养

犊牛断奶的时间应根据实际情况和补饲情况确定，肉用犊牛的哺乳期一般为5~6个月，当犊牛能采食1千克犊牛料时，就可以断奶，以促进犊牛生长发育，使母牛尽早发情。一般犊牛料应是含有粗蛋白质16%~18%、粗脂肪2%、粗纤维3%~5%、钙0.6%、磷0.4%的配合饲料。精饲料参考配方：玉米53%、麸皮12%、大豆饼32%、石粉2%、食盐1%，另加维生素A、维生素E、维生素D及微量元素添加剂。若犊牛体质较弱，可适当延长哺乳时间，原则上不超过8月龄。在生产实践中，为了缩短哺乳期，提高母牛的繁殖效率，可提前断奶或实行早期断奶。

（二）断奶期犊牛的管理

犊牛断奶后要分群，后备犊牛按性别分群以防早配。

第四节　育成牛的饲养管理

一、育成母牛的饲养管理

一般将断奶后直到初次分娩前的母牛称为育成母牛。这一阶段也是性成熟的时期，母牛从发情、配种，进入怀孕、产犊的时期。作为牛群后备牛，过肥或过瘦都会影响健康和繁殖。因此，育成母牛生长发育是否正常，直接关系到牛群的质量，必须给予合理的饲养管理。

（一）育成母牛的饲养

犊牛 6 月龄断奶后就进入育成期。这一时期小牛生长快，是体尺、体重增长最快的时期。以西门塔尔牛为例，舍饲肉牛要保证日增重 0. 8 千克以上，否则会使预留的繁殖用小母牛初次发情期和适宜配种繁殖年龄推迟，肉用的育成牛则发育受阻，影响肥育效果。

1. 前期饲养（断奶至 1 岁）

断乳后的幼牛由依靠母乳为主转移到完全靠自己独立生活。刚断奶的牛，由于消化机能比较差，为了防止断奶应激和消化不良，重点把握哺乳期与育成期的过渡，应提供适口性好、能满足其营养需要的饲料。这一时期幼牛正处于强烈生长发育时期，是骨髓和肌肉的快速生长阶段，体躯向高度和长度两个方向急剧增长，性器官和第二性征发育很快，但消化机能和抵抗力还没有发育完全。在饲养上要求供给足够的营养物质，满足其生长需要，以达到最快的生长速度，而且所喂饲料必须具有一定的容积，以刺激其前胃的生长。此期饲喂的饲料应选用优质干草、青干草、青贮饲料、加工作物的秸秆等，作为辅助粗饲料应少量添加，同时还必须适当补充一些混合精饲料。从9~10月龄开始，便可掺喂秸秆和谷糠类粗饲料，其比例应占粗饲料总量的30%~40%。日粮配方可参考该配比：混合精饲料1.8~2.0千克、优质青干草2千克、青贮饲料6千克，精饲料应占日粮总量的40%~50%。混合精饲料配方：玉米40%、麸皮20%、大豆饼20%、棉籽饼10%、尿素2%、食盐2%、贝壳粉2%、碳酸钙3%、微量元素添加剂1%。12月龄以内的小母牛日粮中一定要含有谷物等精饲料，以保证生长发育的营养需要。

在放牧条件下，每日除放牧以外，回舍后要补饲优质青干草及营养价值全面的高质量混合精饲料。日粮中的粗饲料和大约一半的精饲料可由优质牧草代替，但牧草较差时则必须补饲青饲料和精饲料，如以农作物秸秆为主要粗饲料时，每天每头牛应补饲1.5千克混合精饲料，以期获得0.6~1.0千克较为理想的日增重。

2. 中期饲养（1岁至配种）

此阶段育成母牛消化器官进一步扩大，为了促进其消化器官的生长、消化能力的增强，日粮应以粗饲料和易消化饲料为主，其比例应占日粮总量的75%，其余25%为混合饲料，以补充能量和蛋白质的不足。此时育成母牛既无妊娠负担，也无产奶负担，通常日粮水平只要能满足母牛的生长即可。这一时期的育成母牛肥瘦要适宜，七八成膘，最忌肥胖，否则脂肪沉积过多，会造成繁殖障碍，还会影响乳腺的发育。但如饲养管理不当而造成营养不良，则会导致育成母牛生长发育受阻、体躯瘦小、初配年龄滞后，很容易产生难配不孕牛。利用好的干草、青贮饲料、半干青贮饲料添加少量精饲料就能满足这一时期母牛的营养需要，可使

牛达到0.60~0.65千克的日增重。在优质青干草、多汁饲料不足和计划较高日增重的情况下，则必须每天每头牛添加1.0~1.3千克的精饲料。具体配方可参考：青贮玉米15千克、优质青干草3~5千克、混合精饲料2.5~3.0千克。育成母牛在14~18月龄，体重达到成年母牛体重的70%（例如西门塔尔母牛，14月龄体重350千克），而且发情周期稳定，就可以实施配种。

3. 后期饲养（配种至初次分娩）

此阶段母牛已配种受胎，生长逐渐缓慢，体躯显著向宽深发展，在丰富的饲养条件下体内容易贮积过多脂肪，导致牛体过肥，引起难产、产后综合征。但如果饲料过于贫乏，又会使牛的生长受阻，导致体躯狭浅、四肢细高，泌乳能力差。在此期间，饲料应多样化、全价化，应以优质干草、青草、青贮饲料和少量氨化小麦秸秆作为基础饲喂，青饲料日喂量35~40千克，精饲料可以少喂甚至不喂。直到妊娠后期尤其是妊娠最后2~3个月，由于体内胎儿生长发育所需营养物质增加，为了避免压迫胎儿，要求日粮体积要小，但要提高日粮营养浓度，减少粗饲料，增加精饲料，可每天补充2~3千克精饲料。如有放牧条件，则育成母牛应以放牧为主，在良好的草地上可实行全天候放牧，需要适当进行舔砖补饲。如采用半放牧方式，则需放牧回舍后补喂一些干草和适量饲精料。

（二）育成母牛的管理

1. 分群

育成牛最好6月龄时分群饲养，把育成公牛和育成母牛分开，以免早配，影响生长发育。同时，育成母牛应按年龄、体格大小分群饲养，月龄差异1.5~2.0个月，活重差异25~30千克。

2. 加强运动

舍饲培育的种用品种母牛，每天可驱赶运动2小时左右。妊娠后期的母牛要注意做好保胎工作，与其他牛分开，单独组群饲养，防止母牛间挤撞、滑倒，不鞭打母牛，不饲喂霉变饲料、冰冻饲料，不饮脏水。

3. 刷拭

为了保持牛体清洁，促进皮肤代谢，每天刷拭 1~2 次，每次 5~10 分钟。按牛群数量适当安装牛体刷，一般 50 头 1 个牛体刷。

4. 乳房按摩

为了促进育成母牛乳腺组织的发育，提高产奶量，并养成母牛温驯的性格，使牛分娩后容易接受挤奶，从配种后开始，每次为母牛按摩乳房 1~2 分钟，一般早、晚按摩 2 次，到产前 1~2 个月停止按摩乳房。

二、育成公牛的饲养管理

育成公牛是指 6 月龄到 18 月龄初次配种前这一阶段的公牛，作为后备公牛，饲养目的就是保证其良好的生长发育，为成年后能够取得品质优良的精液打好坚实的基础。

(一) 育成公牛的饲养

保证饲喂定时、定量，做到营养均衡。每天 5: 00、13: 30、19: 00 分 3 次饲喂，每头每次喂量：精饲料 2. 0~2. 5 千克，干草 2. 5~3. 0 千克，具体喂量以牛刚好吃净为准。在接近配种月龄前的 6 个月，每天 10: 00 添喂 1 次紫花苜蓿，每头每次喂量 2. 5~3. 0 千克，餐后保证充足、清洁的饮水。

(二) 育成公牛的管理

育成公牛的管理是为了促进育成公牛正常的生长发育，尤其是骨骼、肌肉、生殖系统等，避免沉积过多的脂肪以及提高饲料的转化率。一般夏季安排在 9: 00 运动 1 小时和 15: 30 运动 1~2

小时；冬季运动时间集中在阳光较为充足的14: 00左右，运动2小时。

第五节　肉用育肥牛的饲养管理

肉用牛的育肥方法主要分为持续育肥法、后期集中育肥法和短期育肥法等。不同育肥方法，有不同的饲养管理要求。

一、持续育肥牛的饲养管理

持续育肥法又称直线育肥法，是指犊牛断奶后，立即转入育肥阶段进行育肥，一直到18月龄左右、体重达到500千克以上时出栏。持续育肥法是肉牛育肥采用最多的方式之一，应用持续育肥法的育肥牛生长发育快、肉质细嫩鲜美、脂肪含量少、适口性好、牛肉商品率高，同时牛场也增加了资金周转次数，提高牛舍的利用率，经济效益明显。持续育肥法主要有放牧持续育肥法、舍饲持续育肥法和放牧加补饲持续育肥法3种方法。

（一）放牧持续育肥法

放牧持续育肥法适合草质优良的地区，通过合理调整豆科牧草和禾本科牧草的比例，不仅能满足牛的生理需要，而且可以提供充足的营养，不用补充精饲料也可以使牛日增重保持1千克以上，但需定期补充定量食盐、钙磷和微量元素。放牧持续育肥法的优点是可以节省大量精饲料，降低饲养成本；缺点是育肥时间相对较长。

1. 选择合适的放牧草场

牧草质量要好，牧草生长高度要适合牛采食，牧草在12~18厘米高时采食最快，10厘米以下牛难以采食。因此，牧草低于12厘米时不宜放牧，否则，牛不容易吃饱，造成“跑青”现象。

北方草场以牧草结籽期为最适合育肥季节。

2. 保证放牧时间

牛的放牧时间每天不能少于 12 小时，以保证牛有充足的吃草时间。当天气炎热时，应早出晚归，中午多休息。

3. 合理分群

做到以草定群，草场资源丰富的，牛群一般 30~50 头一群为好。120~150 千克活重的牛，每头牛应占有 1.33~2.00 公顷草场；300~400 千克活重的牛，每头牛应占有 2.67~4.00 公顷草场。

4. 补充精饲料

育肥肉牛必须根据牛的采食情况，补充精饲料。应在放牧期夜间补饲混合精饲料。在收牧后补料，出牧前不宜补料，以免影响放牧时牛的采食。

5. 补充食盐

在牛的饮水中添加食盐或者给牛准备食盐舔砖，任其舔食。

6. 添加促生长剂

放牧的肉牛饲喂瘤胃素可以起到提高日增重的效果。据资料介绍，每日每头饲喂 150~200 毫克瘤胃素，可以提高日增重 23%~45%。以粗饲料为主的肉牛，每日每头饲喂 150~200 毫克瘤胃素，也可以提高日增重 13.5%~15.0%。

7. 驱虫和防疫

放牧育肥牛要定期注射倍硫磷，以防牛皮蝇的侵入，损坏牛皮。定期药浴或使用驱虫药物驱除牛体内外寄生虫，定期进行口蹄疫、牛布鲁氏菌病等防疫。

（二）舍饲持续育肥法

舍饲持续育肥法适用于专业化育肥场。犊牛断奶后即进行持续育肥，犊牛的饲养取决于育肥强度和屠宰时月龄，强度育肥到

14月龄左右屠宰时，需要提供较高的营养水平，以使育肥牛平均日增重达到1千克。在制订育肥生产计划时，要综合考虑市场需求、饲养成本、牛场条件、品种、育肥强度及屠宰上市的月龄等，以期获得最大的经济效益。

育肥牛日粮主要由粗饲料和精饲料组成，平均每头牛每天采食日粮干物质约为牛活重的2%。舍饲持续育肥一般分为适应期、增肉期和催肥期3个阶段。

1. 适应期

断奶犊牛一般有1个月左右适应期。刚进舍的断奶犊牛，对新环境不适应，要让其自由活动，充分饮水，少量饲喂优质青草或干草，精饲料由少到多逐渐增加喂量，当进食1~2千克时，就应逐步更换正常的育肥饲料。在适应期每天可喂酒糟5~10千克、铡短的干草15~20千克（如喂青草，用量可增3倍）、麸皮1.0~1.5千克、食盐30~35克。如发现牛消化不良，可每头每天饲喂干酵母20~30片。如粪便干燥，可每头每天饲喂多种维生素2.0~2.5克。

2. 增肉期

一般7~8个月，此期可大致分成前、后两期。前期以粗饲料为主，精饲料每日每头2千克左右，后期粗饲料减半，精饲料增至每日每头4千克左右，自由采食青干草。前期每日可喂酒糟10~20千克、铡短的干草5~10千克、麸皮0.5~1.0千克、玉米粗粉0.5~1.0千克、饼类0.5~1.0千克、尿素50~70克、食盐40~50克。喂尿素时要将其溶解在少量水中，拌在酒糟或精饲料中喂给，切忌放在水中让牛直接饮用，以免引起中毒。后期每日可喂酒糟20~25千克、铡短的干草2.5~5.0千克、麸皮0.5~1.0千克、玉米粗粉2~3千克、饼渣类1.00~1.25千克、尿素100~125克、食盐50~60克。

3. 催肥期

一般2个月，主要是促进牛体膘肉丰满，沉积脂肪。日喂混合精饲料4~5千克，粗饲料自由采食。每日可饲喂酒糟25~30千克、铡短的干草1.5~2.0千克、麸皮1.0~1.5千克、玉米粗粉3.0~3.5千克、饼渣类1.25~1.50千克、尿素150~170克、食盐70~80克。催肥期每头牛每日可饲喂瘤胃素200毫克，混于精饲料中喂给效果更好，体重可增加10%~15%。

在饲喂过程中要掌握先喂草料、再喂精饲料、最后饮水的原则，定时定量进行饲喂，一般每日喂2~3次，饮水2~3次。每次喂料后1小时左右饮水，要保持饮水清洁，水温15~25 ℃。每次喂精饲料时先取干酒糟用水拌湿，或干、湿酒糟等比例混匀，再加麸皮、玉米粗粉和食盐等拌匀。牛吃到最后时，拌入少许玉米粉，使牛把料槽内的食物吃干净。

4. 舍饲持续育肥法的管理

（1）进行消毒和驱虫。用0.3%过氧乙酸或其他高效消毒液逐头进行1次喷体消毒。育肥牛在育肥之前应该进行体内外驱虫工作。体外寄生虫可以使牛采食量减少，抑制增重和育肥期增长。体内寄生虫会吸收肠道食糜中的营养物质，从而影响育肥牛的生长和育肥效果。通常可以选用左旋咪唑或者阿维菌素等药物，育肥前2次用药，同时将体内外多种寄生虫驱杀掉。

（2）提供良好的生活环境。牛舍不一定要求造价很高，但是应该防雨、防雪以及防晒，要有冬暖夏凉的环境条件，并保持通风干燥。在寒冷地区，牛舍温度应保持在0 ℃以上，以加速牛的生长和提高饲料利用率。工具应每天清洗干净，清粪、喂料工具应严格分开，定期消毒。洗刷牛床，保持牛床清洁卫生，随时清粪和勤更换牛床的垫草，定期大扫除、清理粪尿沟。牛舍及设备常检修。注意牛缰绳松紧，以防绞索和牛只跑出，确保牛群

安全。

（3）饲养管理上坚持五定、六看、五净的原则。

①五定即定时、定量、定人、定刷拭以及定期称重。

②六看即看采食、看排粪、看排尿、看反刍、看鼻镜、看精神状态是否正常。

③五净即草料净、饲槽净、饮水净、牛体净和圈舍净。

（4）分群管理。分群应按年龄、品种、体重分群，体重差异不超过30千克，相同品种分成一群，3岁以上的牛可以合并一起饲喂，便于饲养管理。

（5）减少活动。育肥牛应相应地减少活动，对于舍饲育肥牛，拴牛绳要短，在每次饲喂完成之后应该一牛拴一桩或者是赶至休息栏内。

（6）添加必要的中药和促生长剂。在育肥牛驱虫后要饲喂健胃散，每天饲喂1次，每次每头500克。给育肥牛添加瘤胃素，可以起到提高日增重的效果，具体添加方法是在精饲料中按每千克精饲料添加60毫克瘤胃素的标准添加。对大便干燥、小便赤黄的牛，用牛黄清火丸调理肠胃。

（7）做好防疫。肉牛必须做好牛口蹄疫疫苗的注射工作，并做好免疫标识的佩戴。有条件的还可以进行牛巴氏杆菌疫苗的注射。

（三）放牧加补饲持续育肥法

放牧加补饲持续育肥法适合牧草条件较好的地区，犊牛断奶后，以放牧为主，根据草场情况，适当补充精饲料或干草。放牧加补饲的方法又分为白天放牧、夜间补饲和盛草季节放牧、枯草季节补饲两种方式。放牧时要根据草场情况合理分群，每群50头左右，分群轮放。我国1头体重120~150千克的牛需1.5~2.0公顷草场。放牧时要注意牛的休息和补盐，夏季防暑，秋季抓膘。放牧加补饲持续育肥法的优点是可以节省一部分精饲料，降低饲养成本；缺点是育肥时间相对较长。

具体做法：放牧部分参照放牧持续育肥法，补饲部分参照舍饲持续育肥法。

二、后期集中育肥牛的饲养管理

后期集中肥育法又称吊架子育肥法。架子牛一般是指 3~4 岁，生长发育已完全结束，骨架与体形已定型，经 150 天以上的高精饲料、高能量日粮的强度育肥，体重达到 550~650 千克的牛，具有加工牛肉熟制品的成品率高、饲养期短、周期快和经济效益明显的特点。

（一）架子牛的选择

1. 年龄选择

1.5 岁左右的牛育肥，能生产出高档优质的牛肉。而秦川牛生长发育较慢，加之传统的饲养方式下，到 3~4 岁时其骨架与体形才能达到育肥要求。因此，要获得短期强度育肥的效果，应选择 3~4 岁的健康秦川阉牛。6 岁以上阉牛、淘汰的基础母牛等老残牛由于育肥效果差、效益低，不宜用于生产高端育肥牛，只能生产普通育肥牛。

2. 体形外貌

头短额宽，嘴大颈粗，体躯宽深而长，前躯开张良好，皮薄松软，体格较大，棱角明显，背尻宽平，体高约 137 厘米，体斜长约 150 厘米，体重约 350 千克以上，具有育肥潜力。而体躯过短，窄背弓腰，尖尻，体况瘦弱者不宜。

3. 育肥时间应选择春、秋季最佳

在 6—8 月高温季节，应采用水帘、屋顶淋雨和风扇等措施，防暑降温，减缓热应激；冬季应采取保温措施。肉牛育肥最适宜

的环境温度为4~20 ℃，因此最佳的育肥时间是春、秋季。

（二）饲喂技术

采用高能量日粮，净能达到30兆焦/日以上，精饲料比例逐渐增加到70%，不用青绿多汁和青贮饲料，能量饲料应以大麦为主，提高高档肉牛比例，确保牛肉色泽等品质和风味。

1. 恢复期（10~15天）

由于运输、环境和管理方式等因素的应激反应，牛疲劳且体重下降5%~15%，需要一段时间恢复，以便适应新环境、群组和饲养管理方式。日粮以优质青干草、麦草为主，充足饮水，第1天不给精饲料，第2天给少量麸皮，3天后精饲料维持原来牛场的喂量。这一时期还要完成检疫、防疫、驱虫和隔离观察。

2. 过渡期（15~20天）

逐步实现由原粗饲料型向精饲料型转变。待架子牛恢复体况并适应后，减少青干草，增加麦草，日喂粗饲料4~6千克/头；精饲料中粗蛋白质保持13%~15%，日喂量逐渐增加到4千克/头，保证每头每日净能37~52兆焦。

3. 催肥期

在此阶段停喂青干草，禁喂青绿多汁饲料，以麦草、水稻秸秆为主，日喂量3~4千克/头，逐渐增加精饲料，以每周增加精饲料2千克/头左右，粗蛋白质保持8%~10%，日喂精饲料稳定在6~8千克/头，直至出栏。

（三）管理

1. 充分饮水

应采取自由饮水或每日饮水不少于3次，冬季饮温水。

2. 驱虫、健胃

在恢复期用丙硫多菌灵1次口服，剂量为10毫克/千克体

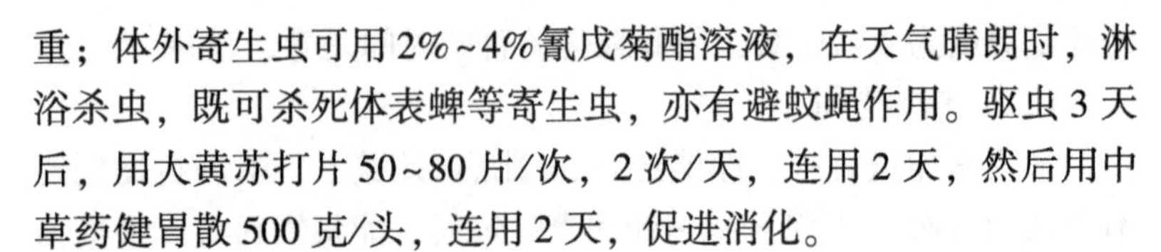

重；体外寄生虫可用2%~4%氰戊菊酯溶液，在天气晴朗时，淋浴杀虫，既可杀死体表蜱等寄生虫，亦有避蚊蝇作用。驱虫3天后，用大黄苏打片50~80片/次，2次/天，连用2天，然后用中草药健胃散500克/头，连用2天，促进消化。

3. 分群

按体格大小、强弱的不同分群围栏饲养，育肥期最多每群15头，以6~8头组小群为最佳，并相对稳定，在育肥期每小群只能出，不再进牛，围栏面积12~18米^2。

4. 饲喂次数

育肥前期日喂2~3次，中间隔6小时，后期可自由采食。

5. 卫生

保持牛舍干燥卫生，进牛前牛舍必须清扫干净，用2%~4%氢氧化钠溶液彻底喷洒消毒，待干燥后进牛。

6. 观察与称重

在育肥期要观察每头牛的反刍、精神和粪便等情况，病牛应及时隔离，单独饲养治疗；臌气，粪便稀、恶臭且有未消化精饲料，应减少或停止增加精饲料。育肥期每30天称重1次，方法是在早晨空腹时，连续称重2次，取其平均值为1次称重结果，推算日增重，并根据日增重调整日粮配方，使日增重保持在0.8~1.2千克。

三、短期育肥牛的饲养管理

短期育肥法主要针对未去势公牛、3岁以上的去势牛和各类淘汰母牛。这类牛无法生产优质高档牛肉，由育肥场或农户育肥，以追求出栏时牛的架子和体重大，出售育肥活牛为主，供应中低市场为目标的肉牛育肥。短期育肥牛的育肥期为120~150天。

（一）架子牛的选择

1. 年龄

年龄选择余地不大，当然越小越好。在年龄相当时，母牛、阉割牛比未去势公牛育肥效果好。

2. 健康检查

认真检查口腔、牙齿是否完好；仔细观察咀嚼、粪便、排尿、四肢等，体躯过短、窄背弓腰、尖尻、体况瘦弱者不宜。

3. 妊娠检查

对淘汰母牛应进行妊娠检查，确定是否怀孕，再决定是否采购。

（二）饲喂技术

采用玉米秸秆青贮、酒糟等农作物秸秆饲草为主。补充精饲料高能量日粮，能量饲料以玉米为主，以提高日增重和改善体形为主。

1. 使用玉米秸秆青贮育肥

具体分 3 个阶段育肥。

（1）恢复期（10~15 天）。日粮以优质青干草、麦草为主，少量青贮草，充足饮水，第 1 天不给精饲料，第 2 天给少量麸皮，3 天后精饲料维持原来牛场的喂量。这一时期还要完成防疫、驱虫和隔离观察。

（2）过渡期（15~20 天）。逐步实现由原粗饲料型向精饲料型转变。待架子牛恢复体况并适应后，减少青干草，增加青贮饲料和酒糟，日喂粗饲料 15 千克左右；精饲料中的粗蛋白质保持 10%~12%，添加 0.5%碳酸氢钠，精饲料日喂量逐渐增加到 4 千克/头。

（3）催肥期。在此阶段停喂青干草，节省成本，以青绿多汁青贮饲料、酒糟为主，不限制采食，后期酒糟最大日饲喂量可达20千克/头，青贮饲料日喂量保持8~15千克/头，并以少量麦草、水稻秸秆为主，日喂量3千克/头，起到调节胃肠酸碱度和刺激胃肠蠕动的作用；逐渐增加精饲料，以每周增加精饲料1~2千克/头，精饲料中的粗蛋白质保持8%~10%，添加1%碳酸氢钠，日喂精饲料逐渐稳定在4~6千克/头至出栏。

2. 使用酒糟育肥

具体分3个阶段育肥。

（1）第一阶段，30天（第1个月）。前10~15天为恢复期，日粮以优质青干草、麦草为主，少量青贮草，充足饮水，第1天不给精饲料，第2天给少量麸皮，3天后精饲料维持原来牛场的喂量。并完成防疫、驱虫和隔离观察。后15天每天饲喂酒糟10~15千克、玉米秸秆粉3千克、配合饲料1.0~1.5千克、食盐20克。

（2）第二阶段，30天（第2个月）。每天饲喂酒糟15~20千克、玉米秸秆粉或青干草6.5千克、配合饲料1.5~2.0千克、食盐30克。

（3）第三阶段，40~60天（第3~4个月）。每天喂酒糟20~25千克、青干草或玉米秸秆粉6.5~7.0千克、配合饲料2.5~3.0千克、食盐50克。

使用鲜酒糟的，为了防止鲜酒糟发霉变质，可建1个水泥池，池深1.2米左右，大小根据酒糟量确定。把酒糟放入池内，然后加水至漫过酒糟10厘米，这样可使酒糟保存10~15天。

酒糟以新鲜为好，发霉变质的酒糟不能使用。如需储藏，窖贮效果好于晒干储藏。饲喂酒糟类饲料应拌匀后再喂。

（三）管理技术

1. 充分饮水

应采取自由饮水或每日饮水不少于3次，冬季饮温水，忌饮

冰水。拴养时在白天饲喂结束后，清扫饲草，加满饮水。

2. 驱虫、健胃

牛体内大都寄生有线虫、绦虫、蛔虫、血吸虫、囊尾蚴等多种寄生虫，严重影响牛的生长发育，在育肥前必须先驱除体内外的寄生虫。体内驱虫可选用广谱、高效、低毒的丙硫多菌灵1次口服，剂量为10毫克/千克体重；阿维菌素肌内注射0.2毫克/千克体重；间隔1周再驱虫1次。体外驱虫可用1%~3%敌百虫水溶液涂擦患部。

健胃用大黄碳酸氢钠片或中草药。中药健脾开胃，可以将茶叶400克、金银花200克煎汁喂牛；或用姜黄3~4千克分4次与米酒混合喂牛；或用香附75克、陈皮50克、莱菔子75克、枳壳75克、茯苓75克、山楂100克、六神曲100克、麦芽100克、槟榔50克、青皮50克、乌药50克、甘草50克，水煎1次内服，每头每天1剂，连用2天。

3. 分群、定槽

按品种、体格大小、强弱的不同分群围栏饲养，育肥期最多每群15头，以6头组小群为最佳，并相对稳定，在育肥期每小群只能出，不再进牛，围栏面积12~18米^2。对拴养的牛，固定槽位，缰绳长35厘米。

4. 饲喂次数

育肥前期日喂2~3次，间隔6小时，后期可自由采食。拴养育肥在21:00添槽，保持夜间牛有饲草采食。

5. 勤观察

对拴养牛，特别是育肥未去势牛，夜间必须有人值班，防止脱缰、打斗，而造成伤害、应激，以及不必要的事故。

第七章　肉牛场疾病预防措施

第一节　隔离卫生

一、引种隔离

牛场应尽量做到自繁自养。从外地引进场内的种牛，要严格进行检疫。隔离饲养和观察 2~3 周，确认无病后，方可并入生产群。

二、牛场隔离

(一) 设置隔离消毒设施

生产区最好有围墙和防疫沟，并且在围墙外种植荆棘类植物，形成防疫林带，只留人员入口、饲料入口和牛的进出口，减少与外界的直接联系。牛场大门设立车辆消毒池和人员消毒室，生产区的每栋牛舍门口必须设立消毒脚盆。严禁闲人进场，如有外人来访，必须在值班室登记，把好防疫第一关。

(二) 采用“全进全出”的饲养制度

“全进全出”的饲养制度是有效防止疾病传播的措施之一。“全进全出”使牛场能够做到净场和充分消毒，切断了疾病传播的途径，从而避免患病牛或病原携带者将病原传染给幼龄牛群。

(三) 进出消毒

外来车辆必须在场外经严格冲洗消毒后才能进入生活管理

区。所有人员必须在更衣室沐浴、更衣、换鞋，经严格消毒后方可进入生产区。生产区的生产人员经过消毒脚盆再次对工作鞋消毒后进入牛舍。饲料应由本场生产区外的饲料车运到饲料周转仓库，再由生产区内的车辆转运到每栋牛舍，严禁将饲料直接运入生产区内。生产区内的任何物品、工具（包括车辆），除特殊情况外，不得离开生产区。任何进入生产区的物品都必须经过严格的消毒，特别是饲料袋，应经过熏蒸消毒后才能装料，再进入生产区。场内生活区严禁饲养畜禽，尽量避免猪、狗、鸟等进入生产区。生产区内的肉食品要由场内供给，严禁从场外带入偶蹄动物的肉类及其制品。

（四）工作人员管理

全场工作人员禁止同时从事其他畜牧场的饲养、技术和屠宰贩卖工作。保证生产区与外界环境有良好的隔离状态，全面预防外界病原入侵牛场。休假返场的生产人员必须在生活管理区隔离两天后方可进入生产区工作，肉牛场的后勤人员应尽量避免进入生产区。

三、保持卫生

（一）保持牛舍及周围环境的卫生

及时清理牛舍的污物、污水和垃圾；定期打扫牛舍、设备、用具的灰尘，保持牛舍清洁；每天进行适量通风；不在牛舍周围和道路上堆放废弃物和垃圾。

（二）保持饲料、饲草和饮用水卫生

保证饲料、饲草不霉变，不被病原污染；饲喂用具要经常清洁、消毒；饮用水符合卫生标准，水质良好；饮水用具要清洁，饮水系统要定期消毒。

（三）废弃物要进行无害化处理

粪便堆放要远离牛舍，最好设置专门的储粪场，对粪便进行无害化处理，如堆积发酵、生产沼气等。不要随意出售或乱扔乱放病死的牛，防止传播疾病。

（四）防虫灭鼠

昆虫可以传播疫病，要保持牛舍内干燥和清洁，夏季使用化学杀虫剂，防止昆虫繁殖。老鼠不仅可以传播疫病，而且可以污染和消耗大量的饲料，危害极大，必须注意灭鼠。每 2~3 个月进行 1 次彻底的灭鼠。

第二节　消毒

消毒是采用一定方法将养殖场、交通工具和各种被污染物体中病原微生物的数量减少到最低或无害的程度，能够消灭环境中的病原体、切断传播途径、防止传染病的传播与蔓延，是传染病预防措施中的一项重要内容。

一、消毒的方法

（一）物理消毒法

包括机械性清扫、冲洗、加热、干燥、阳光和紫外线照射等方法。如对牛经常出入的地方、产房、培育舍，每年用喷灯进行 1~2 次火焰瞬间喷射消毒；人员入口处设消毒用的紫外线灯。

（二）化学消毒法

利用化学消毒剂对病原微生物污染的场地、物品等进行消毒。如通过在牛舍周围、入口、产房和牛床下用生石灰或氢氧化钠溶液进行消毒；将饲养器具放在密闭的室内或容器内，用甲醛等进行熏蒸；用规定浓度的苯扎溴铵、有机碘混合物或煤酚的水溶液洗手，清洗工作服或胶鞋。

（三）生物热消毒法

指通过堆积发酵产生的热量来消灭一般病原体的消毒方法。

二、消毒的程序

根据消毒的类型、对象、环境温度、病原体性质及传染病流行特点等因素，将多种消毒方法科学合理地组合而进行的消毒过程称为消毒程序。

（一）人员消毒

所有工作人员进入场区大门必须进行鞋底消毒，并经自动喷雾器进行喷雾消毒。进入生产区的人员必须淋浴、更衣、换鞋、洗手，并经紫外线照射15分钟。对工作服、鞋、帽等进行定期消毒（可放在1%~2%碱水内煮沸消毒，也可按每立方米空间使用42毫升福尔马林熏蒸消毒20分钟）。严禁外来人员进入生产区。人员进入牛舍前要先踏消毒池（消毒池的消毒液每2天更换一次），再洗手后方可进入。工作人员在接触牛群、饲料之前必须洗手，并用消毒液浸泡消毒3~5分钟。病牛隔离人员和剖检人员在操作前后都要进行严格的消毒。

（二）车辆消毒

进入场门的车辆除要经过消毒池外，还必须对车身、车底盘进行高压喷雾消毒，消毒液可用2%过氧乙酸溶液或1%灭毒威溶液。严禁车辆（包括员工的摩托车、自行车）进入生产区。对于进入生产区的饲料车，每周彻底消毒1次。

（三）环境消毒

1. 垃圾处理消毒

生产区的垃圾实行分类堆放，并定期收集。每逢周六进行环境清理、消毒和焚烧垃圾。可用3%氢氧化钠溶液喷湿，在阴暗潮湿处撒生石灰。

2. 生活区、办公区消毒

对于生活区、办公区院落或门前屋后的消毒，4—10月，每

7~10天消毒1次；11月至翌年3月，每半个月消毒1次。可用2%~3%氢氧化钠溶液或甲醛溶液喷洒消毒。

3. 生产区的消毒

每2~3周对生产区道路、每栋牛舍前后消毒1次，每月对场内污水池、堆粪坑、下水道出口消毒1次。用2%~3%氢氧化钠溶液或甲醛溶液喷洒消毒。

4. 地面土壤消毒

土壤表面可用10%漂白粉溶液、4%福尔马林或10%氢氧化钠溶液消毒。停放过芽孢杆菌所致传染病（如炭疽）病牛尸体的场所，应严格加以消毒。首先，用10%漂白粉澄清液喷洒地面；然后，将表层土壤掘起30厘米左右，撒上干漂白粉，并与土混合；最后，将此表土妥善运出掩埋。对于其他传染病所污染的地面土壤，可先将地面翻一下，深度约30厘米，在翻地的同时撒上干漂白粉（用量为0.5千克/米^2），以水湿润后压平。如果放牧地区被某种病原体污染，一般利用自然因素（如阳光紫外线）来消除病原体；如果污染的面积不大，则应使用化学消毒剂消毒。

（四）牛舍消毒

1. 空舍消毒

将牛出售或转出后，对牛舍进行彻底的清洁消毒，消毒步骤如下。

（1）清扫。对空舍的粪尿、污水、残料、垃圾和墙面、顶棚、水管等处的尘埃进行彻底清扫，并整理、归纳舍内的饲槽、用具。当发生疫情时，必须先消毒后清扫。

（2）浸润。对地面、牛栏、出粪口、食槽、粪尿沟、风扇匣及护仔箱进行低压喷洒，并确保充分浸润，浸润时间不低于30分钟，但时间不能过长。

（3）冲刷。使用高压冲洗机，由上至下彻底冲洗屋顶、墙

壁、栏架、网床、地面及粪尿沟等。要用刷子刷洗藏污纳垢的缝隙，尤其是食槽、水槽等，冲刷时不要留死角。

（4）消毒。晾干后，选用广谱高效消毒剂，对牛舍内所有表面、设备和用具消毒，必要时可选用2%～3%氢氧化钠溶液进行喷雾消毒。30～60分钟后，进行低压冲洗。待晾干后，用另外的消毒药喷雾消毒。

（5）复原。恢复原来栏舍内的布置，并检查、维修，做好进牛前的准备，并进行第2次消毒。

（6）再消毒。进牛前1天再次喷雾消毒，然后熏蒸消毒。对封闭牛舍冲刷干净、晾干后，用福尔马林、高锰酸钾熏蒸消毒。

2. 产房和隔离舍的消毒

在产犊前应进行1次消毒，产犊高峰时进行多次消毒，产犊结束后再进行1次消毒。在病牛舍、隔离舍的出入口处，应放置浸有消毒液的麻袋片或草垫，消毒液可用2%～4%氢氧化钠溶液。

3. 带牛消毒

正常情况下选用过氧乙酸溶液或喷雾灵等消毒剂，含量为0.5%以下时对人畜无害。夏季每周消毒2次，春、秋季每周消毒1次，冬季每2周消毒1次。如果发生传染病，每天或隔日带牛消毒1次。带牛消毒前必须彻底清扫，消毒时不仅限于牛的体表，还包括整个牛舍的所有空间。应将喷雾器的喷头高举空中，喷嘴向上，让雾料从空中缓慢地下降，雾粒直径控制在80～120微米。

（五）废弃物消毒

1. 粪便消毒

主要采用生物热消毒法对牛的粪便进行消毒，即在距牛场100～200米以外的地方设一堆粪场，将牛粪堆积起来，上面覆盖

10厘米厚的砂土，发酵30天左右，即可用作肥料。

2. 污水消毒

最常用的方法是将污水引入污水处理池，加入化学药品（如漂白粉或其他氯制剂）进行消毒，用量视污水量而定，一般1升污水使用2~5克漂白粉。

第三节 免疫和检疫

一、免疫接种

免疫接种是给肉牛接种各种免疫制剂（疫苗、类毒素及免疫血清），使肉牛个体和群体产生对传染病的特异性免疫力。免疫接种是预防和治疗传染病的主要手段，也是使易感动物群转化为非易感动物群的唯一手段。

（一）免疫接种类型

根据免疫接种的时机不同，可分为预防接种和紧急接种两类。

1. 预防接种

预防接种是在平时为了预防某些传染病的发生和流行，有组织有计划地按免疫程序给健康牛群进行的免疫接种。预防接种常用的免疫制剂有疫苗、类毒素等。由于所用免疫制剂的品种不同，接种方法也不一样，有皮下注射、肌内注射、皮肤刺种、口服、点眼、滴鼻、喷雾吸入等。预防接种应首先对本地区近几年来动物曾发生过的传染病流行情况进行调查了解，然后有针对性地拟订年度预防接种计划，确定免疫制剂的种类和接种时间，按所制订的各种动物免疫程序进行免疫接种。

2. 紧急接种

紧急接种是指在发生传染病时，为了迅速控制和扑灭疫病的

流行，而对疫区和受威胁区尚未发病的牛只进行的应急性免疫接种。应用疫苗进行紧急接种时，必须先对牛群逐头地进行详细的临床检查，只能对无任何临床症状的牛群进行紧急接种，对患病牛只和处于潜伏期的牛只，不能接种疫苗，应立即隔离治疗或扑杀。但应注意，在临床检查无症状且貌似健康的牛群中，必然混有一部分潜伏期的牛只，在接种疫苗后不仅得不到保护，反而促进其发病，造成一定的损失，这是一种正常的不可避免的现象。但由于这些急性传染病潜伏期短，而疫苗接种后又能很快产生免疫力，因而发病数不久即可下降，疫情会得到控制，多数牛只得到保护。

（二）免疫程序

免疫程序是指根据一定地区、为特定动物群体制订的免疫接种计划，包括接种疫苗的类型、顺序、时间、次数、方法、时间间隔等。制订肉牛免疫程序时应充分考虑当地疫病的流行情况，牛的种类、年龄，母源抗体水平和饲养管理水平，以及使用疫苗的种类、性质、免疫途径等方面的因素。免疫程序的好坏可根据肉牛的生产力和疫病发生情况来评价，科学地制订一个免疫程序必须以抗体监测为参考依据。牛主要传染病常用免疫程序如表7-1所示。

表7-1　牛主要传染病常用免疫程序

免疫时间	疫苗种类	使用方法	预防疾病	免疫期
1~2月龄	牛气肿疽灭活疫苗	皮下或肌内注射	牛气肿疽	1年
4~5月龄	牛口蹄疫疫苗	皮下或肌内注射	牛口蹄疫	6个月
4.5~5月龄	牛巴氏杆菌病灭活疫苗	皮下或肌内注射	牛巴氏杆菌病	9个月
6月龄	牛气肿疽灭活疫苗	皮下或肌内注射	牛气肿疽	1年

(三) 肉牛场免疫接种注意事项

(1) 通过正规渠道购置品牌疫苗，严禁使用“三无”产品。

(2) 接种疫苗时要做到对注射针头进行消毒，严格按照规定计量注射，疫苗注射时要晃动摇匀。

(3) 疫苗接种要建立接种档案，详细记录每头牛的接种时间、疫苗种类、疫苗生产厂家，以便更好地按接种程序进行免疫接种。

二、检疫

检疫在牛场引进牛只过程中有着至关重要的地位，是防控输入性疫病侵袭的关键环节。引种部门在引种前需要安排工作人员前往牛只输出地申请检疫审批，由当地相关部门指派专人进行产地检疫。对输出地进行疾病调查，其中包括疫病的种类、所威胁区域、发病时间和疫病流行特点等，以及牛场中的卫生防疫制度、使用的消毒药物种类和牛只免疫情况等。对于需要引进的牛只，在运输前15~30天，需要在本场进行隔离检疫。同时了解该群牛只在6个月以内的疾病发生情况。如果产地检疫过程中发现了一类动物疫病以及炭疽、口蹄疫或布鲁氏菌病等危害严重的疫病，要立即停止引种进程。工作人员要查看调出牛的免疫档案以及生产资料；随后对引进牛群进行个体检疫，引进单位和个人有责任监督输出单位是否按照标准的技术操作规范进行检疫，并在查证检疫合格证明后准予运输。

在肉牛引进的运输过程中，要保证运输车辆的清洁卫生，并充分消毒。运输车辆不可以经过疫区，并要避免在疫区的车站和港口等处装填料草和饮水等，运输过程中一旦有牛只出现异常情况，需要立即与当地动物防疫机构联系，按照相关规定

进行处理，切忌为了眼前的利益而坚持运送患病动物的行为。待引进牛群到达目的地以后，需要隔离检疫15~30天。在运输前及落地进场后有必要进行多发病疫苗注射，此项环节能够有效地避免输入性疫病传入养殖场，因此也是检疫过程中的关键。

在隔离检疫的过程中，要保证良好的饲养管理，确保隔离区域有足够的饲料和水源，并且要保持环境的卫生清洁。隔离观察期间，群体检疫和个体检疫都是必不可少的环节。由于牛群到达新环境后可能会出现不适应的情况，加之运输过程中可能发生的应激反应，牛只很容易出现暴躁和打斗的情况，养殖人员要将之与疾病进行区分并加强护理。部分疫病的检疫需要实验室诊断技术，如采集血液、病变组织和鼻拭子以及异常的分泌物和排泄物等进行诊断。经过入场检疫确认健康的牛群，才能够继续饲养。

三、疾病控制及病死畜处理

（一）疾病控制和扑灭

牛场发生疫病或怀疑发生疫病时，应及时采取如下措施。

（1）驻场兽医应及时进行诊断，并尽快向当地畜牧兽医管理部门报告疫情。

（2）确诊发生牛口蹄疫、牛瘟、牛传染性胸膜肺炎时，牛场应配合当地畜牧兽医管理部门，对牛群实施严格的隔离、扑杀措施；发生牛出血病、结核病、布鲁氏菌病等疫病时，应对牛群实施清群和净化措施，扑杀阳性牛。

（3）全场进行彻底的清洗消毒，病死或淘汰牛的尸体按照《病死畜禽和病害畜禽产品无害化处理管理办法》（中华人民共和国农业农村部令2022年第3号）进行无害化处理，并消毒。

（二）病死畜处理

对于非传染病或机械创伤引起的病牛只，应及时进行治疗，死牛应及时定点进行无害化处理。牛场内发生传染病后，应及时隔离病牛，病死牛应作无害化处理。

第八章　肉牛常见疾病的防治技术

第一节　传染性疾病

一、牛口蹄疫

牛口蹄疫是由口蹄疫病毒引起的一种急性、热性、高度接触性传染病，其特征是在牛的口腔黏膜、蹄部及乳房上发生水疱和烂斑。

（一）临床症状

由于易感动物不同，毒力不同、侵入方式不同，潜伏期和症状也不完全一样，牛的潜伏期平均2~4天，最长约1周。病牛体温40~41 ℃，精神萎靡，食欲减退，流涎；1~2天后，在舌面、唇内面、眼和颊部黏膜发生蚕豆至核桃大的水疱，口温高，此时口角流涎增多，呈白色泡沫状，挂满嘴角，采食反刍完全停止，水疱经一昼夜破溃后形成浅表的边缘整齐的红色烂斑，常常是水疱破溃后体温降至正常，糜烂逐渐愈合；口腔变化的同时，在趾间及蹄冠的皮肤表现为红、肿、痛并发生水疱，很快破溃，形成烂斑并结痂，愈合较快，饲养管理不当则化脓、坏死；站立不稳，行走跛行，少数严重的甚至蹄匣脱落；乳房皮肤可出现水疱，很快破溃形成烂斑。

（二）防治措施

认真做好早期的预防接种，免疫时应先弄清当时当地或邻近地区流行的本病毒的毒型，根据毒型选用弱毒苗或灭活苗。康复血清或高免血清可用于疫区和受威胁区的牛，对控制疫情、保护幼畜有积极作用。

如果已经发生疫情，应根据我国有关条例，立即上报有关部门，采取紧急扑灭措施，由发病所在地县级以上政府发布“封锁令”，对疫点、疫区实行封锁，严禁人畜来往；扑杀、销毁病牛及其同群牛，消灭疫源；组织消毒工作，对牛舍及污染环境随时进行消毒和扑灭疫情的大消毒；进行病毒分离鉴定，确定毒型，用相应疫苗对易感牛群进行紧急免疫接种。封锁区最后一只病牛死亡、急宰或痊愈后 14 天，经过全面彻底消毒，方可解除封锁。消毒时可用 2%氢氧化钠溶液、2%福尔马林溶液、20%~30%热草木灰水或 5%~10%氨水等。

二、牛炭疽

牛炭疽是由炭疽杆菌引起人畜共患的一种急性、热性、败血性传染病，多呈散发或地方流行性，以脾脏显著肿大、皮和浆膜下结缔组织出血性胶样浸润、血液凝固不良及尸僵不全为特征。

(一) 临床症状

1. 最急性型

病牛表现为突然发病，体温升高，行走摇摆或站立不动，也有的突然倒地，出现昏迷、呼吸极度困难的现象，可视黏膜呈蓝紫色，口吐白沫，全身战栗。濒死期牛的鼻孔、口腔、肛门等天然孔出血，病程很短，出现症状后数小时即可死亡。

2. 急性型

最常见的一种类型。病牛的体温急剧上升到 42 ℃左右，精神不振，食欲减退或废绝，呼吸困难，可视黏膜呈蓝紫色或有小出血点。初便秘，后腹泻带血，有时腹痛，尿呈暗红色，有时混

有血液。妊娠牛可发生流产，严重者兴奋不安、惊慌哞叫，口和鼻腔往往有红色泡沫流出。濒死期的病牛体温急剧下降，呼吸极度困难，在1~2天后因窒息而死。

3. 亚急性型

病状与急性型相似，但病程较长，2~5天。病情较缓和，牛的喉、胸前、腹下、乳房等部位的皮肤及直肠、口腔黏膜发生炭疽痈，初期呈硬的团块状，有热痛，以后热痛消失，可发生溃疡或坏死。

（二）防治措施

经常发生炭疽及受威胁的地区，每年秋季给牛注射无毒炭疽芽孢苗或Ⅱ号炭疽芽孢苗进行预防（春季给新生牛补种），可获得1年以上的免疫力。

牛发病后可采取以下措施。一是封锁处理。该病发生后，应立即对牛群进行检查，隔离病牛，并立即给予预防治疗。同群牛应用免疫血清进行预防接种，1~2天后再接种疫苗，对于假定健康的牛，应进行紧急预防接种。在最后一头病牛死亡或痊愈后，经过15天，到疫苗接种反应结束时，方可解除封锁。二是彻底消毒。对病牛污染的牛舍、用具及地面应彻底消毒。将病牛躺卧过的地面的表土除去15~20厘米，取下的土与20%漂白粉溶液混合后再进行深埋。如是水泥地面，则用20%漂白粉溶液消毒。被污染的饲料、垫草及牛的粪便应烧毁。病牛的尸体不能解剖，应全部焚烧或深埋，且不能浅于2米。尸体底部表面应撒上一层厚厚的漂白粉。凡和尸体接触过的车辆、用具都应彻底消毒。工作人员在处理尸体时，必须戴上手套，穿上胶靴和工作服，且用后立即消毒。凡手和体表有伤口的人员，不得接触病牛和尸体。疫区内禁止闲杂人员、动物随便进出，禁止输出牛产品和饲料，禁止食用病牛肉。三是药物治疗。抗炭疽血清是治疗炭疽的特效药，成年牛每次皮下注射或静脉注射100~300毫升，犊牛每次使用30~60毫升，必要时，12小时后再注射1次。或使用磺胺嘧啶，定时、足量进行肌内注射，按每千克体重0.05~0.10克，分3次进行肌内注射，第1次用量加倍。或使用水剂青霉素80万~120万国际单位，每天进行2次肌内注射，随后用油剂青霉素120万~240万国际单位，每天进行1次肌内注射，连用3天。如果是体表炭疽痈，可使用普鲁卡因青霉素，在肿胀部位周围分点注射。

三、牛白血病

牛白血病是牛的一种慢性肿瘤性疾病，其特征为淋巴样细胞恶性增生、进行性恶病质和高度病死率。

（一）临床症状

该病有亚临床型和临床型两种表现。亚临床型无瘤的形成，其特点是淋巴细胞增生，可持续多年或终身，对牛的健康状况没有任何影响。这样的牛有可能进一步发展为临床型。此时的病牛生长缓慢，体重减轻，体温一般正常，有时略为升高。从体表或经直肠可摸到某些淋巴结呈一侧或对称性增大。腮淋巴结或股前淋巴结常显著增大，触摸时可移动。如一侧肩前淋巴结增大，病牛的头颈可向对侧偏斜；眶后淋巴结增大，可引起眼球突出。

（二）防治措施

以严格检疫、淘汰阳性牛为中心目标，采取定期消毒，驱除吸血昆虫，杜绝因手术、注射可能引起的交互传染等在内的综合性措施。无病地区应严格防止引入病牛和带毒牛。对于引进的新牛，必须认真检疫，发现阳性牛，立即淘汰，且不得出售。阴性牛也必须隔离3~6个月及以上方能混群。每年应对疫场进行3~4次临床、血液和血清学检查，不断剔除阳性牛。对于感染不严

重的牛群，可借此净化牛群。如感染牛较多或牛群长期处于感染状态，应采取全群扑杀的坚决措施。

四、牛沙门氏菌病

牛沙门氏菌病又称牛副伤寒，以牛败血症、毒血症、胃肠炎、腹泻、妊娠牛流产为特征，在世界各地均有发生。病牛和带菌牛是该病的传染源。该病通过消化道和呼吸道感染，亦可通过病牛与健康牛的交配或病牛精液人工授精而感染。

（一）临床症状

该病主要症状是下痢。犊牛呈流行性发生，成年牛呈散发性发生。该病的潜伏期因各种发病因素不同而不同。

1. 犊牛沙门氏菌病

病程可分为最急性型、急性型和慢性型。最急性型表现为菌血症或毒血症症状，其他症状不明显，病牛发病 2~3 天便死亡。急性型病牛体温升高到 40~41 ℃，精神沉郁，食欲减退，继而出现胃肠炎症状，排出黄色或灰黄色、混有血液或伪膜的有恶臭味的糊状或液体粪便，有时表现出咳嗽和呼吸困难。慢性型除有急性型的个别表现外，可见关节肿大或耳朵、尾部、蹄部发生贫血性坏死，病程为数周至 3 个月。

2. 成年牛沙门氏菌病

多见于 1~3 岁的牛，病牛体温升高到 40~41 ℃，表现为沉郁、减食、减奶、咳嗽、呼吸困难、结膜炎、下痢。粪便带血和纤维素絮片、恶臭。病牛因脱水而消瘦，有跗关节炎、腹痛症状。母牛会发生流产。病程一般为 1~5 天，病死率为 30%~50%。成年牛有时呈顿挫型经过，病牛发热、不食、精神委顿，产奶量下降，但经过 24 小时左右，这些症状即可减退。

（二）防治措施

加强牛的饲养管理，保持牛舍清洁，定期进行消毒；犊牛出生后，应吃足初乳，注意产房的卫生和保暖；定期进行免疫接种。沙门氏菌灭活苗的免疫力不如沙门氏菌活菌苗的免疫力。对于妊娠母牛，采用都柏林沙门氏菌活菌苗接种，可保护数周龄以内的犊牛，还能使感染的犊牛减少粪便排菌。

发现病牛应及时隔离、治疗，可使用庆大霉素、氨苄西林和喹诺酮类等抗菌药物。犊牛按每千克体重 4~10 毫克氨苄西林口服；成年牛按每千克体重 2~7 毫克氨苄西林肌内注射，每天 1~2 次。

五、牛布鲁氏菌病

牛布鲁氏菌病是由布鲁氏杆菌引起的人畜共患的一种慢性传染病，其特征主要是侵害生殖系统，导致妊娠母牛发生流产、公牛发生睾丸炎，人的发病症状与动物相似并伴有关节炎、波浪热等。

(一) 临床症状

该病传播途径主要是消化道，其次是经皮肤感染，吸血昆虫可以传播本病，也可通过呼吸道和交配而感染。最危险的传染源是受感染的妊娠母牛，其流产后的胎儿、阴道分泌物以及乳汁中都含有布鲁氏杆菌。潜伏期一般 2 周至 6 个月，母牛最显著的症状是流产，通常发生在怀孕后的 5~7 个月。流产前一般体温不高，外阴和阴道黏膜潮红、肿胀，流出淡褐色或黄红色黏液，乳房肿胀，继而流产；胎儿多为死胎，过半病牛发生胎衣停滞或子宫内膜炎，常继续排出污灰色或棕红色分泌液，有时恶臭，分泌物至 1~2 周后消失；有关节炎和跛行。大多数初产牛流产较多，再配种后则能正常分娩，但也有连续几胎流产。

(二) 防治措施

应当着重体现“预防为主”的原则。对牛群进行一年一次

的布鲁氏菌病监测，对流产母牛和胎儿进行诊断性监测，一经发现，即应淘汰，流产胎儿及胎衣要无害化处理，不能随意丢弃，母牛生活及污染过的地方要严格消毒。消灭布鲁氏菌病的措施是定时检疫监测、引进牛时隔离检疫、控制传染源、切断传播途径、培养健康牛群及主动免疫接种。该病流行地区，定期检疫监测和疫苗免疫接种是预防和控制本病的最有效措施。消毒药液可用3%苯酚溶液、3%来苏尔及3%克辽林等。

六、牛巴氏杆菌病

牛巴氏杆菌病又称出血性败血症，是一种由多杀性巴氏杆菌引起的急性、热性传染病，常以高温、肺炎及内脏器官广泛性出血为特征。该病多见于犊牛。

（一）临床症状

牛在病初体温升高，可达41 ℃以上。鼻镜干燥，结膜潮红，食欲和反刍减退，脉搏加快，精神委顿，被毛粗乱，肌肉震颤。有的牛呼吸困难，痛苦咳嗽，流泡沫样鼻涕，呼吸音加强，并有水泡音。有些病牛先便秘后腹泻，粪便带血或黏液。

（二）防治措施

对以往发生该病的地区和该病流行时，应定期或随时注射牛出血性败血症氢氧化铝菌苗。体重在100千克以下的牛，皮下注射4毫升；体重在100千克以上的牛，皮下注射6毫升。

对刚发病的牛，静脉注射痊愈牛的全血500毫升，同时，将8~15克四环素溶解在1 000~2 000毫升5%葡萄糖溶液中静脉注射，每天1次。将普鲁卡因、青霉素300~600万单位，双氢链霉素5~10克同时肌内注射，每天1~2次。强心剂可用20%安钠咖注射液20毫升，每天肌内注射2次。重症者可用硫酸庆大霉素80万单位，每天肌内注射2~3次。保护胃肠可用碱式硝酸铋30

克和磺胺胍 30 克，每天内服 3 次。

七、牛传染性胸膜肺炎

牛传染性胸膜肺炎又称牛肺疫，是由丝状支原体丝状亚种引起的一种高度接触性传染病，以渗出性纤维素性肺炎和浆液纤维素性胸膜肺炎为特征。

（一）临床症状

自然感染，潜伏期为 2~4 周，最短的是 7 天，最长的可达 8 个月。

1. 急性型

牛在病初的体温高达 40~42 ℃，呈稽留热型。病牛的鼻翼开放，呼吸急促而浅，呈腹式呼吸和痛性短咳。病牛因胸部疼痛而不愿行走或卧下，肋间下陷，呼气长、吸气短。叩诊胸部，患侧发浊音，并有痛感。听诊肺部，有湿性啰音，肺泡音减弱或消失。有胸膜炎发生时，可听到摩擦音。病牛后期心脏衰弱，有时因胸腔积液，只能听到微弱心音，甚至听不到。重症可见前胸下部及肉垂水肿，尿量少且尿比重增加，便秘和腹泻交替发生。病牛体况衰弱，眼球下陷，呼吸极度困难，体温下降，最后窒息死亡。急性型病例病程为 15~30 天，最终死亡。

2. 慢性型

病例多由急性型转来，也有开始即为慢性型的。病牛除体况瘦弱外，多数症状不明显，偶发干性咳嗽，听诊胸部，可能有不大的浊音区。病牛在良好的饲养管理条件下，症状缓解，逐渐恢复正常。少数病例因病变区域较大、饲养管理条件改变或劳役过度等，易引起恶化，预后不良。

（二）防治措施

对疫区和受威胁区的 6 月龄以上的牛，必须每年接种 1 次牛

肺疫兔化弱毒菌苗。注意不从疫区引进牛。

发现病牛或可疑病牛，要尽快确诊，上报疫情，划定疫点、疫区和受威胁区。对疫区实行封锁，按照《中华人民共和国动物防疫法》规定，采取紧急、强制性的控制和扑灭措施。扑杀患病牛；对同群牛隔离观察，进行预防性治疗；对栏舍、场地和饲养工具、用具进行彻底消毒；对污水、污物、粪尿等严格进行无害化处理。严格执行封锁疫区的各项规定。

八、犊牛大肠杆菌病

犊牛大肠杆菌病又称犊牛白痢，是由一定血清型的大肠杆菌引起的一种急性传染病。该病特征为败血症和严重的腹泻、脱水，引起犊牛大量死亡或发育不良。犊牛大肠杆菌的病因复杂，往往是由大肠杆菌、轮状病毒和冠状病毒等多种致病因素引起的。传染源主要是病牛和能排出致病性大肠杆菌的带菌牛，通过消化道、脐带或产道传播，多见于2~3周的犊牛。该病多发生在冬、春季。

(一) 临床症状

该病以腹泻为特征，具体分为败血型、肠毒血型和肠炎型。

败血型大肠杆菌病的表现：精神沉郁，食欲减退或废绝，心跳加快，黏膜出血，关节肿痛，有肺炎或脑炎症状，体温达40 ℃，腹泻；大便由浅黄色粥样变为浅灰色水样，混有凝血块、血丝和气泡，有恶臭；病初排粪用力，后变为自由流出，污染牛的后躯；最后，牛高度衰弱，卧地不起，急性型在24~96小时死亡，死亡率高达80%~100%。

肠毒血型大肠杆菌病的表现：病程短促，一般最急性型2~6小时便死亡。

肠炎型大肠杆菌病的表现：多发生于10日龄内的犊牛，出现腹泻，排泄物先是白色，后变为黄色的带血便，后躯和尾巴沾满粪便，有恶臭，病牛消瘦、虚弱，3~5 天便因脱水而死亡。

（二）防治措施

母牛进入产房前，对产房及临产母牛要进行彻底的消毒；产前 3~5 天，对母牛的乳房及腹部皮肤用 0.1%高锰酸钾溶液擦拭，哺乳前应再重复一次。犊牛出生后，立即喂服地衣芽孢杆菌，每次喂 2~5 克，每天喂 3 次；或喂乳酸菌素片，每次喂 6 粒，每天喂 2 次，可获得良好的预防效果。

发病后的治疗原则为抗菌、补液、调节胃肠功能。抗菌采用新霉素，用量为每千克体重 0.05 克，每天给犊牛肌内注射 1 克，或给犊牛口服 200~500 毫克，每天 2~3 次，连用 5 天，可使犊牛在 8 周内不发病。金霉素粉用量为每千克体重 30~50 毫克，每天 2~3 次。补液主要是通过静脉注射的方式，给犊牛输入复方氯化钠溶液、生理盐水或葡萄糖盐水 2 000~6 000毫升，必要时还可加入碳酸氢钠、乳酸钠等，以防酸中毒。调节胃肠功能主要是在病初，当犊牛体质尚强壮时，应先喂盐类泻剂，使胃肠道内含有大量病原菌及毒素的内容物及早排出。此后，可再喂各种收敛和健胃剂。

九、牛恶性卡他热

牛恶性卡他热又称恶性头卡他或坏疽性鼻卡他，是由恶性卡他热病毒引起的一种急性、热性、非接触性传染病。

（一）临床症状

该病自然感染平均潜伏期为 3~8 周，人工感染平均潜伏期为 14~90 天。病初高热（40~42 ℃），精神沉郁。在发病的第 1 天末或第 2 天，眼、口及鼻黏膜发生病变。该病在临床上分为头眼型、肠型、皮肤型和混合型。

1. 头眼型

眼结膜发炎，畏光、流泪，后角膜混浊，眼球萎缩、溃疡及失明。鼻腔、喉头、气管、支气管及颌窦卡他性及伪膜性炎症，呼吸困难，炎症可蔓延到鼻窦、额窦、角窦，角根发热，严重者两角脱落。鼻镜及鼻黏膜先充血，后坏死、糜烂、结痂。口腔黏膜潮红、肿胀，出现灰白色丘疹或糜烂。牛的病死率较高。

2. 肠型

先便秘后下痢，粪便带血、恶臭。口腔黏膜充血，常在唇、齿龈、硬腭等部位出现伪膜，脱落后形成糜烂及溃疡。

3. 皮肤型

颈部、肩胛部、背部、乳房、阴囊等处的皮肤出现丘疹、水疱，结痂后脱落，有时形成脓肿。

4. 混合型

该类型的病比较多见。病牛同时有头眼症状、胃肠炎症状及皮肤丘疹等，有的病牛出现脑炎症状。病牛一般经 5～14 天死亡，病死率达 60%。

（二）防治措施

加强饲养管理，增强牛抵抗力，注意栏舍的卫生。发现病牛后，按《中华人民共和国动物防疫法》及有关规定，采取严格的控制、扑灭措施，防止扩散。对病牛应隔离扑杀，对污染场所及用具等进行严格的消毒。

十、牛黏膜病

牛黏膜病又称牛病毒性腹泻，是由牛病毒性腹泻病毒引起的以黏膜发炎、糜烂、坏死和腹泻为特征的疾病。

（一）临床症状

发病时，多数牛不会表现出临床症状，只见少数轻型病例，

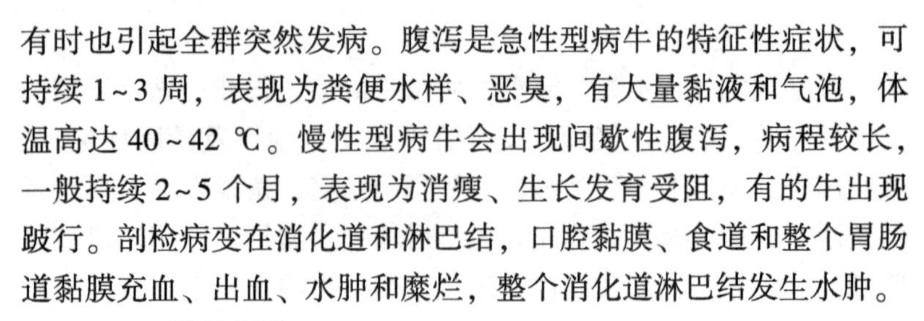

有时也引起全群突然发病。腹泻是急性型病牛的特征性症状，可持续1~3周，表现为粪便水样、恶臭，有大量黏液和气泡，体温高达40~42 ℃。慢性型病牛会出现间歇性腹泻，病程较长，一般持续2~5个月，表现为消瘦、生长发育受阻，有的牛出现跛行。剖检病变在消化道和淋巴结，口腔黏膜、食道和整个胃肠道黏膜充血、出血、水肿和糜烂，整个消化道淋巴结发生水肿。

(二) 防治措施

目前可用弱毒疫苗来预防该病。疫苗采用皮下注射，成年牛注射1次，犊牛在2月龄注射适量并到成年时再注射1次，用量要参照说明书的要求。

牛发病后，尚无有效的治疗方法，只能加强护理和对症疗法，增强牛体的抵抗力，促使病牛康复。取次碳酸铋片30克、磺胺二甲嘧啶片40克，给牛一次性口服。或者用磺胺嘧啶注射液20~40毫升，给牛进行肌内注射或静脉注射。

十一、牛传染性鼻气管炎

牛传染性鼻气管炎又称坏死性鼻炎、红鼻子病，是由牛传染性鼻气管炎病毒引起的一种急性、热性、接触性传染病。秋、冬季发病率高于春、夏季，多为散发，饲养管理不当、通风不畅、卫生条件差、牛罹患其他疾病或使用大量皮质类固醇药物等，均可成为本病发生的诱因。

(一) 临床症状

临床上分为呼吸道型、生殖道型、结膜炎型、脑膜炎型4种，其中呼吸道型为最常见的一种。

1. 呼吸道型

自然发病的潜伏期为4~6天。通常冬季发病较多，牛病初体温高达39.5~42.0 ℃，病牛极度沉郁，拒食，有大量鼻黏液

及溃疡，有结膜炎及流泪，鼻窦及鼻镜极度充血、潮红。呼吸道常因炎性渗出物阻塞而发生呼吸困难，呈张口呼吸，呼吸次数快而浅表，常伴发疼痛性咳嗽。

2. 生殖道型

主要发生于青年母牛，又称为传染性脓疱外阴阴道炎。潜伏期1~3天，可发生于母牛及公牛。病初轻度发热，精神沉郁，废食，频频排尿，有疼痛感。严重时，尾巴常向上竖起，阴门水肿，阴门下联合处流出大量黏液，呈线条状，污染附近皮肤。阴道发炎、充血，其底面上有大量黏稠无臭的黏液性分泌物。

3. 结膜炎型

本病毒对黏膜有亲嗜性，常可引起角膜炎和结膜炎，但一般不形成溃疡。临床上多数该型病牛缺乏明显的全身反应，主要表现为结膜充血、水肿，表面形成灰色的颗粒状坏死膜，眼和鼻流浆液性或脓性的分泌物。该病型有时会和呼吸道型同时出现，很少引起死亡。

4. 脑膜炎型

多发于犊牛，表现脑膜炎症状，体温升高至40 ℃以上，出现神经症状，病犊吼叫，乱跑乱撞，转圈，共济失调，阵发性痉挛，倒地抽搐，流涎，流鼻涕，食欲废绝，粪便黑色、恶臭、有时带血，最终倒地，呈角弓反张，磨牙，四肢划动。病程短促，多引起死亡，病死率可达50%以上。

（二）防治措施

目前，此病尚无特殊药物和疗法，临床上只能预防为主，发生本病，只能是对症治疗，并加强护理，提高机体自身免疫功能。加强饲养管理，维护牛机体健康，保持日粮平衡，满足营养需要，加强饲草料的保管，防止饲草料发霉变质，保证饲料饮水清洁卫生，严禁饲喂有毒饲草料。定期对牛只进行免疫接种。目前常用来防止此病的疫苗有灭活苗、弱毒苗、亚单位疫苗和基因缺失（标记）疫苗。

第二节　寄生虫疾病

一、牛肝片吸虫病

牛肝片吸虫病是由肝片吸虫或大片形吸虫引起的一种寄生虫病。临床表现为营养障碍和中毒所引起的慢性消瘦和衰竭，病理特征是慢性胆管炎及肝炎。

（一）临床症状

该病一般发生在牛生食水生植物后 2～3 个月，可有高热，体温为 38～40 ℃，持续 1～2 周，甚至长达 8 周以上，并有食欲缺乏、乏力、恶心、呕吐、腹胀和腹泻等症状。数月或数年后，可出现肝内胆管炎或阻塞性黄疸。慢性症状常发生在成年牛中，主要表现为贫血，黏膜苍白，眼睑及体躯下垂部位发生水肿，被毛粗乱、无光泽，食欲减退或消失，消瘦，有肠炎。

（二）防治措施

（1）定期驱虫。因该病常发生于 10 月至翌年 5 月，所以在春、秋季进行两次驱虫是防治的必要环节。这样既能杀死当年感染的幼虫和成虫，又能杀灭由越冬蚴感染的成虫。硝氯酚用法：病牛按每千克体重 3～4 毫克，将粉剂混到饲料中喂服或水瓶灌服，不用禁食。病牛的粪便要处理好，把平时和驱虫时病牛排出的粪便收集起来，堆积发酵，杀灭虫卵。

（2）消灭实螺。配合农田水利建设，填平低洼水潭，杜绝椎实螺栖息。放牧时，防止牛在低洼地、沼泽地饮水和食草。

发病后的首选药物是硫双二氯酚（别丁），其用法为：每千克体重用量为50毫克，分3次服用，隔天服用，15天为1个疗程。或使用依米丁（吐根碱），其用法为：每千克体重用量为1毫克，采用肌内注射或皮下注射，每天1次，10天为1个疗程。依米丁对消除感染、减轻症状有效，但可引起心脏、肝脏、胃肠道及神经肌肉的毒性反应，需在严格的医学监督下使用。或使用三氯苯咪唑，其用法为：每千克体重用量为12毫克，顿服（一次性服用）；或第1天按每千克体重5毫克、第2天按每千克体重10毫克的标准服用，顿服。该病可能出现继发性胆管炎，可用抗生素治疗。

二、牛球虫病

牛球虫病是由寄生于牛肠道的艾美耳属的几种球虫引起的以急性肠炎、血痢等为特征的寄生虫病。牛球虫病在犊牛中多发。

（一）临床症状

潜伏期为2~3周，犊牛一般为急性经过，病程为10~15天。当牛球虫寄生在大肠内时，大量肠黏膜上皮破坏、脱落，黏膜出血并形成溃疡。在临床上表现为出血性肠炎、腹痛，血便中常带有黏膜碎片。约1周后，因肠黏膜破坏而造成细菌继发感染时，病牛的体温可升高到40~41℃，前胃迟缓，肠蠕动增强、下痢，多因体液过度消耗而死亡。慢性病例则表现为长期下痢、贫血，最终因极度消瘦而死亡。

（二）防治措施

犊牛与成年牛应分群饲养，以免球虫卵囊污染犊牛的饲料。在哺乳前，要将被粪便污染的母牛乳房清洗干净。舍饲牛的粪便和垫草需集中消毒或进行生物热消毒，在发病时对牛舍、饲槽消毒，每周消毒1次。添加药物预防，如将0.004%~0.008%氨丙啉添加到牛的饲料或饮用水中；或每千克饲料添加 0.3 克莫能霉素，既能预防牛球虫病，又能提高饲料报酬。

发病后药物治疗的方法：氨丙啉按每千克体重使用 20～50 毫克，一次性内服，连用 5～6 天；盐霉素按每天每千克体重使用 2 毫克，连用 7 天。

三、牛弓形虫病

牛弓形虫病是由弓形虫原虫引起的人畜共患疾病，发病季节十分明显，多发生在每年的 6 月。

（一）临床症状

突然发病，最急性者约 36 小时死亡。病牛食欲废绝，反刍停止。粪便干、黑色，外附黏液和血液。流涎，有结膜炎、流泪现象。体温升高至 40.0～41.5 ℃，呈稽留热。每分钟脉搏跳动 120 次，每分钟呼吸达 80 次以上，气喘，伴腹式呼吸，咳嗽。肌肉震颤，腰和四肢僵硬，步态不稳，共济失调。严重者后肢麻痹，卧地不起。腹下、四肢内侧出现紫红色斑块，体躯下部水肿。病牛在死前表现为兴奋不安，吐白沫，窒息。病情较轻者虽能康复，但易发生流产。病程较长者可见神经症状，如昏睡、四肢划动，有的出现耳尖坏死或脱落，最后死亡。

（二）防治措施

坚持防疫制度，保持牛舍、运动场的卫生。经常清除粪便，粪便经过堆积发酵后再施用。开展灭鼠行动，禁止养猫。对于已发生过弓形虫病的牛场，应定期进行血清学检查，及时检出隐性感染牛，并进行严格控制、隔离饲养，用磺胺类药物连续治疗，直到病牛完全康复为止。当发生流行弓形虫病时，可考虑对整群牛进行药物预防。

四、牛囊尾蚴病

牛囊尾蚴病是由寄生于牛的肌肉组织中的牛带绦虫的幼虫——牛囊尾蚴引起的，是人畜共患的寄生虫病。

（一）临床症状

一般不出现症状，当牛受到严重感染时才表现出症状。发病初期可见体温升高，虚弱，腹泻，反刍减少或停止，呼吸困难，心跳加快等，可引起死亡。

（二）防治措施

建立健全卫生检验制度和法规，要求做到检验认真、严格处理，不让牛吃到病牛粪便污染的饲料和饮用水，不让人吃到病牛肉。该病治疗比较困难，建议试用阿苯达唑。

五、牛消化道线虫病

牛消化道线虫病是指由寄生在牛消化道中的毛圆科、毛线科、钩口科和圆形科的多种线虫引起的寄生虫病。这些虫体寄生在牛的皱胃、小肠和大肠中，在一般情况下多呈混合感染。

（一）临床症状

各类线虫病的共同症状主要表现为明显的持续性腹泻，排出带黏液和血的粪便。幼牛发育受阻，有进行性贫血、严重消瘦、下颌水肿、神经症状，最后虚脱而死亡。

（二）防治措施

改善饲养管理，合理补充精饲料，进行全价饲养，以增强机体的抗病能力。牛舍要通风干燥，加强粪便管理，防止污染饲料及水源。牛粪应放置在远离牛舍的固定地点，进行堆肥发酵，以消灭虫卵和幼虫。

牛发病后，常用以下两种药物治疗。敌百虫用法：每千克体重用药 0.04~0.08 克，配成 2%~3%的水溶液，灌服。伊维菌素注射液用法：每 50 克体重用药 1 毫升，采用皮下注射，不允许采用肌内注射或静脉注射，注射部位是肩前、肩后或颈部皮肤松弛的部位。

六、牛绦虫病

牛绦虫病是由寄生在牛小肠中的牛绦虫引起的寄生虫病，临床上以腹痛、腹泻，食欲异常，乏力及大便排出绦虫节片为主症。

（一）临床症状

莫尼茨绦虫主要感染出生后数月的犊牛，以 6—7 月发病最为严重。曲子宫绦虫可感染各种牛。无卵黄腺绦虫常感染成年牛。牛被绦虫严重感染时，表现为精神不振，腹泻，迅速消瘦，贫血，有时还出现痉挛或回旋运动，最后死亡。

（二）防治措施

如有牛感染，可用硫双二氯酚按每千克体重 30~40 毫克，一次性口服；或阿苯达唑按每千克体重 7.5 毫克，一次性口服。

第三节　普通病

一、胎衣不下

胎衣不下又称胎衣滞留，是指母牛分娩后 8~12 小时排不出胎衣（正常分娩后 3~5 小时排出胎衣）。

（一）临床症状

停滞的胎衣部分悬垂于阴门之外或阻滞于阴道之内。

（二）防治措施

当母牛分娩破水时，可接取羊水 300~500 毫升，在母牛分

娩后立即灌服，可促使子宫收缩，加快胎衣排出。

胎衣不下的治疗方法可分为药物治疗和手术剥离两种。

（1）药物治疗可促进子宫收缩，加速胎衣排出。皮下或肌内注射垂体后叶激素50~100国际单位，最好在母牛产后8~12小时进行。如分娩超过24小时，则效果不佳。或注射催产素10毫升（100国际单位）、麦角新碱6~10毫克。

（2）手术剥离方法：①用温水灌肠，排出直肠中的积粪，或用手掏尽积粪；②用0.1%高锰酸钾溶液洗净外阴；③用左手握住外露的胎衣，右手顺着阴道伸入子宫，寻找子宫叶；④用拇指找出胎儿胎盘的边缘，将食指或拇指伸入胎儿胎盘与母体胎盘之间，把它们分开，至胎儿胎盘被分离一半时，用拇指、食指、中指握住胎衣，轻轻一拉，即可将胎衣完整地剥离下来。如粘连较紧，必须慢慢剥离。操作时，须由近向远、循序渐进，越靠近子宫角尖端，越不易剥离，需要细心，力求完整取出胎衣。

二、子宫内膜炎

子宫内膜炎多由于产道损伤、难产、流产、子宫脱出、阴道脱出、阴道炎、子宫颈炎、恶露停滞、胎衣不下及人工授精或阴道检查时消毒不严，致使病毒侵入子宫而引起。按病程可分为急性型和慢性型两种，临床上以慢性型病例较为多见，常由未及时或未彻底治疗的急性型病例转化而来。

（一）临床症状

急性型子宫内膜炎，在母牛产后5~6天，从阴门排出大量恶臭的恶露，呈褐色或污秽色，有时含有絮状物。慢性型子宫内膜炎出现性周期不规律，屡配不孕，阴户在母牛发情时流出较混浊的黏液。

（二）防治措施

主要方法有冲洗子宫、按摩子宫和促进子宫收缩。

三、瘤胃臌胀

瘤胃臌胀又称胀肚，是反刍动物采食了大量易发酵饲料，在瘤胃、网胃内发酵，短期聚集大量气体而牛又不能嗳气，使瘤胃迅速扩张所致。临床上以呼吸困难、腹围急剧膨大，触至瘤胃紧张、富有弹性为特征。

（一）临床症状

急性型瘤胃臌气，发病急，腹胀增大迅速，左肷窝部尤其明显，常在采食后不久或采食过程中发病。病牛弓背呆立，并有回顾腹部、不安等腹部疼痛症候；左肷凸起，超过背脊之上，叩诊为鼓音，听诊初期尚可听到蠕动音，后期完全消失，偶有金属音。病初频频努责，排泄少量稀软粪便。随臌气发展，病情迅速恶化，呼吸高度困难，黏膜发绀，体表静脉淤血怒张，脉搏细弱，心跳每分钟达 120 次以上，不安惊惧，眼球突出，出冷汗，站立不稳，突然倒地死亡。继发性瘤胃膨气，症状时好时坏。慢性型瘤胃臌气经常反复发生，大多数是某些疾病的一种症候表现，常因慢性型创伤性网胃炎，前胃内有毛球及其他异物等而引起。其他如皱胃炎、纵隔淋巴结结核病、消化器官或附近组织的肿瘤等也能引发此病。

（二）防治措施

1. 预防

避免在清晨的露水或下霜牧草地放牧，防止牲畜短时间内过多地采食青嫩豆科草及薯块、甜菜等块茎饲料，杜绝饲喂发霉腐败饲料。切实做好牛的饲料配比与搅拌均匀，饲料配方不轻易变更，如果要更换饲料，应有 5 天左右的适应期和缓冲期。采用野草喂牛，要检查有无毒草，如毒芹、毛茛等。饲养管理制度化，并防止牛逃出围栏偷吃而发病。制定正确的饲养制度，确定饲料

的配比是预防本病的关键。

2. 治疗

治疗原则是促进瘤胃排气、缓泻止酵、解毒补液、恢复瘤胃功能，继发性的则要首先消除病因。

（1）排气减压。促进瘤胃气体排出，如牵引作上坡运动、插入胃导管排气、瘤胃穿刺放气。把导管经食管插入瘤胃，使气体由导管排出。要掌握排气速度，切忌放气速度太快。也可用套管针头排气。在腹部左侧隆起最高处，剪毛、消毒，将套管针刺入瘤胃后再取出套管针针芯，气体由套管排出，缓慢排气，排气过快会发生死牛现象。放气后 0.5 小时可口服或从套管针注入止酵药物。当牛呼吸极度困难，情况紧急时，可从套管针向瘤胃内注射来苏尔或甲醛 20~30 毫升（加适量水），以防止继续发酵产气。为促进瘤胃内游离气体排出，可用植物油 250 毫升，内服。病情较轻时，用木棒消气法可获得较好的治疗效果，具体方法是：用 1 根长 30 厘米的木棒压在牛的口腔内，木棒两端露出口角，两侧用细绳拴在牛角上，并在木棒上涂抹食盐之类有味的东西，利用牛张口、舔木棒动作，帮助逐渐排出瘤胃内气体。

牛突然大量采食紫花苜蓿等青嫩豆科牧草，会导致瘤胃内发酵分解产生的小气泡常附着在草渣上，不浮升到瘤胃上部融合成大的膨气层，造成所谓泡沫性瘤胃膨气。对这种膨气类型作瘤胃穿刺放气，治疗效果不大明显，可用消泡剂（聚合甲基硅油）30~60 片或 2%二甲基硅煤油溶液 150~200 毫升或二甲硅油 20~25 克（加适量水），灌服。

（2）制止发酵产气。常用来苏尔或克辽林 10~25 毫升，溶于 200~1 000毫升水中，一次性内服。用鱼石脂 15~20 克、酒精 50 毫升、松节油 30~60 毫升加水 500 毫升，混匀后一次性灌服，对泡沫性和非泡沫性臌胀都有良好疗效。

（3）缓泻。灌服泻剂可加速内容物排泄。可用硫酸镁500~800克或人工盐500~800克或液状石蜡油1 000~2 000毫升、松节油30~40毫升，加水适量，1次灌服。

（4）兴奋瘤胃神经机能。可用强心补液。

四、食道梗塞

牛因吞食较大块根类饲料（如甘薯、胡萝卜、甜菜等）梗塞食道而发病，临床以突然发生吞咽障碍为特征。

（一）临床症状

病牛下咽困难、流涎、瘤胃酸胀，常突然发病，有时梗塞在颈部食道时，可在颈部左侧见到硬块，食道前部梗塞可以在颈侧摸到，而胸部梗塞可从食道积满唾液的波动感触摸诊断。食道梗塞应与食道麻痹区别，瘤胃膨胀食道麻痹时，食道内有食物但触诊食道无疼痛，亦无逆蠕动；与瘤胃臌胀区别，瘤胃臌胀、单纯酸胀，插胃导管容易，而且插入导管后臌气随即减轻；与咽炎区别，咽炎无食道逆蠕动。

（二）防治措施

1. 预防措施

饲料加工应正规，块根类饲料加工达到一定的细度，可以从根本上预防本病发生。

2. 治疗方法

主要是及时排出食道梗塞物，使之畅通，包括：用5%水合氯醛200~300毫升，静脉注射，或用静松灵，肌内注射，使食管壁迟缓，多数可治愈；将梗塞物向口腔方向轻而慢地推压，然后一人用手从口腔中取异物，注意要保定好牛，应用开口器，避免人畜受伤；在胸部食道的梗塞物，用胃导管先将食管积液抽出后，灌入200~300毫升液状石蜡油，再用胃导管向下推送入胃；

将胃导管插入食道内，然后打气或边插边达到推送梗塞物入胃的目的。

五、腐蹄病

牛蹄间皮肤和软组织具有腐败、恶臭特征的疾病总称为腐蹄病。

（一）临床症状

病牛喜趴卧，站立时患肢负重不实或各肢交替负重，行走时跛行。蹄间和蹄冠皮肤充血、红肿，蹄间溃烂，有恶臭分泌物，有的蹄间有不良肉芽增生。蹄底角质部呈黑色，使用叩诊锤或手压蹄部时出现痛感。有的牛蹄出现角质溶解、蹄真皮过度增生，肉芽凸出于蹄底。严重时，病牛体温升高，食欲减少，严重跛行，甚至卧地不起，消瘦。用刀切削扩创后，蹄底的小孔或大洞即有污黑的臭水流出，趾间有溃疡面，上面覆盖着恶臭的坏死物，严重者蹄冠红肿，痛感明显。

（二）防治措施

药物对腐蹄病无临床效果，预防和控制该病最有效的措施是接种疫苗。此外，圈舍应勤扫勤垫，防止泥泞，运动场要干燥，设有遮阴篷。

牛发病后，每天的草料中要补充锌和铜，每头牛每千克体重补喂硫酸铜、硫酸锌各 45 毫克。如钙、磷失调，缺钙则补食盐，缺磷则加喂麸皮。用 10%硫酸铜溶液浴蹄 2～5 分钟，间隔 1 周，再进行 1 次，效果极佳。

六、中暑

（一）临床症状

牛出现中暑时，常会出现精神沉郁或精神亢奋，运动迟缓，

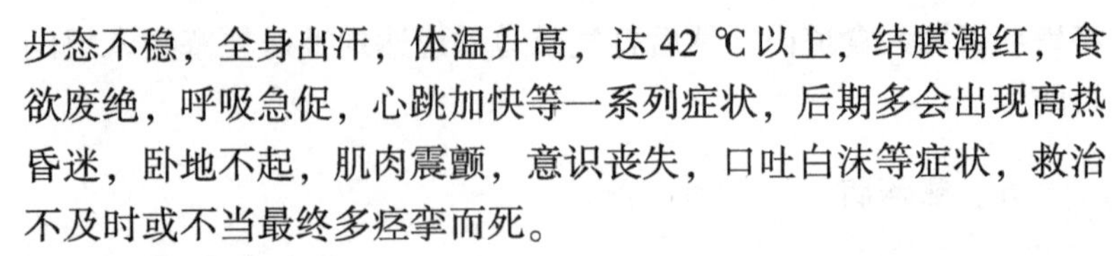

步态不稳，全身出汗，体温升高，达 42 ℃以上，结膜潮红，食欲废绝，呼吸急促，心跳加快等一系列症状，后期多会出现高热昏迷，卧地不起，肌肉震颤，意识丧失，口吐白沫等症状，救治不及时或不当最终多痉挛而死。

（二）防治措施

做好牛的防暑工作，防止牛在烈日下长时间暴晒，在运动场可用凉棚防晒，供给充足的饮水和足够的青绿饲料。在饲料中应多加些抗热应激的添加剂。

当牛出现中暑时应将病牛移至凉快的地方，用电扇和凉水物理降温。每隔 1 小时给牛体和头部浇一次凉水，或在头部放冰袋，以带走体表和体内热量。发高烧和呼吸急促的病牛，可注射退热剂或镇静剂。中暑症状轻微的病牛，经过救治便可以得到恢复，症状比较严重的病牛，除了采用以上方法救治，还应静脉注射 20%甘露醇 500～1 000毫升用于降低颅内压，5%葡萄糖注射液 500～1 000毫升、0.9%氯化钠注射液 1 000毫升、维生素 C 注射液 100～200 毫升、氨溴注射液 100 毫升用于缓解痉挛，同时灌服藿香正气水 200～300 毫升。

参考文献

代大力，秦波，韩冬，2021. 肉牛规模养殖生产技术［M］. 哈尔滨：黑龙江科学技术出版社 .

李聚才，张春珍，2010. 肉牛高效养殖实用技术［M］. 北京：科学技术文献出版社 .

万发春，刘晓牧，2017. 肉牛标准化养殖技术［M］. 北京：中国科学技术出版社 .

魏刚才，2016. 养殖场消毒技术［M］. 北京：化学工业出版社 .

肖冠华，2015. 养肉牛高手谈经验［M］. 北京：化学工业出版社.

肖冠华，单琦，2014. 投资养肉牛：你准备好了吗［M］. 北京：化学工业出版社 .

昝林森，2017. 牛生产学［M］. 3 版 . 北京：中国农业出版社.